中国城市经济论丛

Urban Spatial Growth Regulation

in Rapidly Urbanizing Area:
A Study Based on Principal Function Policy

基于主体功能的快速城市化地区城市空间增长调控

赵文珺/著

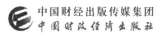

中国财经出版传媒集团
中国财政经济出版社

图书在版编目（CIP）数据

基于主体功能的快速城市化地区城市空间增长调控／
赵文珺著．－－北京：中国财政经济出版社，2021.12
（中国城市经济论丛）
ISBN 978－7－5095－9539－8

Ⅰ.①基…　Ⅱ.①赵…　Ⅲ.①城市空间－空间规划－
研究　Ⅳ.①TU984.11

中国版本图书馆 CIP 数据核字（2020）第 006722 号

责任编辑：胡　懿　　　　　　　责任校对：张　凡
封面设计：王　颖　　　　　　　责任印制：党　辉

基于主体功能的快速城市化地区城市空间增长调控
JIYU ZHUTI GONGNENG DE KUAISU CHENGSHIHUA DIQU CHENGSHI
KONGJIAN ZENGZHANG TIAOKONG

中国财政经济出版社 出版

URL：http：//www.cfeph.cn
E－mail：cfeph@ cfeph.cn

社址：北京市海淀区阜成路甲 28 号　邮政编码：100142
营销中心电话：010－88191522
天猫网店：中国财政经济出版社旗舰店
网址：https：//zgczjjcbs.tmall.com
北京财经印刷厂印刷　各地新华书店经销
成品尺寸：170mm×240mm　16 开　11.25 印张　190 000 字
2021 年 12 月第 1 版　2021 年 12 月北京第 1 次印刷
定价：56.00 元
ISBN 978－7－5095－9539－8
（图书出现印装问题，本社负责调换，电话：010－88190548）
本社质量投诉电话：010－88190744
打击盗版举报热线：010－88191661　QQ：2242791300

前言

　　由于空间规划和调控措施的缺失或者滞后，快速、无序的城市空间增长忽略了区域本身的环境承载能力，带来严重的城市病和环境问题。目前我国城市化发展正处在空前的快速增长期，城市建设用地盲目扩张的问题日趋严重，城市空间增长中开发与保护的矛盾日益凸显。主体功能区战略为城市空间增长的综合性调控研究提供了可借鉴的思路，但其区划方法尚不成熟，在分析单元、划分方法等方面还存在较多争议，较缺乏从区域空间无序扩张的模式、特征到调控对策之间的连续性。因此，针对现阶段快速城市化地区呈现的城市空间扩展的新特征，探索区域城市空间增长的调控途径，成为协调区域开发与保护矛盾的新课题。本书正是基于这样的现实和理论需求，按照"格局（Pattern）—主体功能识别（Zoning）—调控（Regulation）"的研究思路，以连云港市的相关情况为实证案例，对快速城市化地区城市空间增长的调控进行理论和方法的相对系统而又突出重点的研究。

　　"格局"，即研究区域快速城市化阶段城市空间增长的内涵特征与时空格局，是进行城市空间增长空间调控的基础。

　　"主体功能识别"，即寻求基于主体功能思想的，适用于研究区域尺度并符合区域特征的城市空间增长空间调控的理论与技术路线。以研究区域为实证案例，分析研究区域城市空间增长的约束力与潜力两方面的空间分异特征。该部分是全文研究的重点以及空间调控的依据。

　　"调控"，即在识别区域空间增长适宜性与主体功能的基础上，分析快速城市化阶段城市空间增长的合理性，识别未来城市空间增长需要重点调控的区域，并提出针对性的调控措施。

全书的研究重点与主要结论包括：

（1）有别于传统意义上"城市蔓延"的研究视角，本研究从区域整体角度出发，对快速城市化地区城市空间增长的内涵与研究对象进行了界定。结果表明，在城市化和工业化快速发展的驱动下，研究区域在快速城市化阶段城市空间增长呈现高强度"城市溢出"和低强度"城镇蔓延"并存的特征。城市空间快速增长以大量消耗农田及盐田湿地为代价，存在无序和过度的趋势，对其进行合理的引导与调控尤为必要。

（2）针对目前主体功能区划分中存在的定位模糊、三维复合难度以及动态反馈性不足的问题，从城市空间增长适宜性的角度出发，提出了城市空间增长主体功能的识别思路，对本书适用的空间尺度单元、适宜性分析和主体功能判别的方法进行了讨论。

（3）从刚性因子和弹性因子两方面构建了城市空间增长的环境承载力评价指标体系。以研究区域为实证案例，采用空间扩散赋值与矢量直接赋值结合的方法对指标进行量化，进而运用逻辑组合判别法得出各分析单元的环境承载能力综合评价值。结果表明研究区域绝大部分土地生态环境较为敏感，较不适宜大规模的城市与工业化开发。

（4）构建了"社会经济支撑力、辐射影响力、区位推动力"三个子系统组成的发展潜力综合评价逻辑体系，并探索了指标体系量化的方法和综合评价的技术路线。实证分析结果表明区域内部的发展潜力有明显的空间分异特征，各单因子评价结果均呈现"极化"趋势，区域内部存在明显的发展增长极。未来的城市空间增长将在多核心的共同作用下，呈现不规则的同心圆圈层式空间布局。

（5）将城市空间增长的强度指数与主体功能识别分析相结合，构建了从空间增长格局、主体功能识别到空间调控的系统性思路，提升了主体功能识别的动态反馈性以及调控手段的针对性。最后本书以城镇为单位对未来研究区域的生产力空间布局提出了建议，并从人口流动、产业发展、土地利用以及环境保护等四方面对未来城市空间增长的调控提出相应的政策框架建议。

感谢以下科研项目对本书研究的资助：国家自然科学基金项目：基于 LOICZ II 的连云港快速城市化海岸带环境效应研究（40976021）、连云港海岸带城市蔓延过程中景观安全阈值研究（40901081）、海岸带城市蔓延区社会—生态系统景观恢复力与管治研究（41271008）；江苏省环保厅项目：江苏沿海化工业发展的环境预警与政策调控（2007012）。

目录

图目录

表目录

绪　论

1.1 研究背景

1.1.1 城市空间快速增长中开发与保护的矛盾凸显

城市化是全球变化最主要的驱动因素和表现形式，是应对持续发展挑战的核心领域。2014 年，全世界已有半数以上（54%）的人口居住在城市地区（United Nations，2014）。据预测，2030 年全球城市化率将达到60%——意味着未来至少 25 年的人口增长将全部聚集在城市区域内（United Nations Polulation Fund，2007）。城市空间增长（Urban Spatial Growth）是城市化发展在地域空间上的必然结果，其实质是人类活动影响下城市用地规模扩大与城市用地结构变迁的过程。近 30 年来，城市用地以两倍于城市人口增长的速度快速扩张（Angel et al.，2011），并呈现与"紧凑""均质化""组团式"相反的"膨胀""碎片化""网络状"发展特征（Batty，2008；Seto et al.，2011）。城市空间增长作为全球最剧烈的土地利用变化过程（Turner et al.，2007），是造成生物量减少、物种灭绝、气候变化等区域和全球环境变化的主要驱动因素（Foley et al.，2005；Lambin et al.，2005；Grimm et al.，2008；McDonald et al.，2008；Hahs et al.，2009；Seto et al.，2012）。

我国的城市化发展正处于加速期，2014 年城市化水平已达到54.7%（国家统计局，2015）。城市空间增长，又称土地城市化（Landscape urbanization）（Bai et al.，2011；王洋等，2014）既是城市化发展的空间表现，也是中国社会经济发展的重要驱动力之一（Liu et al.，2005；Deng et al.，2010；Bai et al.，2011）。然而，在空前快速的城市空间增长过程中，土地开发失控与建设用地盲目扩张的问题日趋严重，人地矛盾日益凸显，主要表现在：城镇建设用地快速增长、大型区域"开发热"（包括各类开发区、新城、大学城）等造成耕地资源短缺，承担生态服务功能的用地受到威胁（Lin，2007；刘新卫等，2008；储佩佩等，2010；Jiang et al.，2013；Li et al.，2015；Güneralp et al.，2015）。

我们正处于一门崭新的科学——城市化科学（Urbanization Science）大门开启的历史时刻（Solecki et al.，2013）。剧烈变化的人地关系使得城市管理者迫切需要平衡（trade – off）土地资源的"开发利用功能"与"生态保护价值"（Hamilton et al. , 2013；Curran – Cournane et al. , 2014；Martinuzzi et al. , 2015）。城市空间增长产生负面效应的根源在于城市化速度过快而缺乏长远的、合理的开发格局，因此通过调控城市空间增长格局来协调区域发展与保护之间的矛盾成为城市化科学与可持续发展研究的重要课题。正如 Seto et al. （2010）指出：

"*The trade – offs between environmental challenges and opportunities will depend in large part on how and where urban areas expand，urban lifestyles，and consumption patterns as well as the ability of institutions and governance structures to address adequately these challenges.* "（Seto et al. , 2010）

"城市空间增长对生态环境是压力还是机遇，取决于城市发展的模式、选址、生活和消费方式以及决策者如何协调城市化发展中的人地冲突。"（作者译）

1.1.2 对城市空间增长的调控由"末端治理"向"源头协调"转变

失控的、不协调的城市空间增长带来了负面的社会经济和生态环境效应，因此对城市发展进行管理与调控成为共识。欧美国家的调控理念起源于应对20 世纪初起出现的蔓延式（Sprawling）城市扩张问题，通过鼓励（incentives）与禁止（disincentives）相结合的手段来限制城市空间的随意增长，并充分考虑社会经济福利与资源环境保护的需求。以"土地公有化""农田保护区区划"、划定"城市增长边界""绿带""紧凑城市"等规划手段为主，"购买开发权""开发影响收费"等财政立法手段为辅，逐步演变为以"精明增长"等综合调控策略为主的城市空间增长管理体系。我国城市空间增长调控的理论研究与实践起步较晚，早期以土地政策与城乡规划体系为依托，着重用地控制。随着"科学发展观""生态文明"理念的树立和实践，近年来对城市空间增长管理的认识也逐步深入。从借鉴国外经验的"城市增长边界""限建区规划"，到我国理论与实践创新的"生态红线""空间管制分区"和"主体功能区划"，体现了从以"控制""限制"等末端治理色彩明显的手段到"引导""管治"等注重人地矛盾"源头协调"机制的转变。

虽然城市空间增长调控得到了广泛的认同与实践，但对其实施效用的评价还存在较多争议。研究表明调控手段在一定程度上是有效的，如对控制城市蔓延（主要针对低密度城市用地增长、农田流失、开敞空间减少等）（Nelson，1999；Newburn and Berck，2011；Kline et al.，2014）、减缓城市用地增速（Wu and Cho，2007）、提升对合理规划必要性的认识（Chapin，2012）等具有积极作用。但大部分研究也同时指出，城市空间增长调控在实际执行中往往不能有效实现其预期目标，甚至还会产生一系列的负面效应。有研究表明，调控的效果往往停留在"被控制"层面，如仅减轻了城市增长边界范围内或者近郊区的城市蔓延，却造成边界外或者远郊区的加速蔓延（Ronbinson et al.，2005；Boarnet et al.，2011；Newburn and Berck，2011）；带来环境质量降低、房价升高、社会福利降低等负面效应（Cymerman et al.，2013；Holcombe，2014）。我国的实践也表明，虽然严格的土地政策与土地利用规划对引导新增建设用地选址、保护农田起到一定作用，仍然无法有力扭转城市用地超额扩张、农田快速流失的趋势（洪世键与张京祥，2012；Zhong et al.，2012；Xu et al.，2015；吕晓等，2015）。

基于国内外研究与实践，笔者认为城市空间增长调控目前面临的主要挑战：一是调控方案不合理；二是执行动态反馈性不足。一方面，无序的城市空间增长不仅仅是空间问题，更是社会、经济、环境三者失衡的产物，因此对其调控需要建立在多目标综合决策的基础上。另一方面，调控方案与城市开发过程相脱节、特别是缺乏对城市空间开发格局的动态监测与反馈是管治措施执行效用较差的主要原因（冯科等，2009；Zhong et al.，2014）。城市空间增长调控应当是开放的、持续的、动态的系统，管治方案仅提供了调控的"蓝图"，还需要构建从蓝图到现实之间的桥梁。因此，为有效遏制快速、无序的城市空间增长，需要不断探索合理的、与城市开发过程紧密联系的综合调控方案。

1.1.3 主体功能区划全面推进需要中小尺度的延续与创新

自"十一五"规划首次提出要进行主体功能区划以来，主体功能区已成为国家战略，党的十八大也将2020年"基本形成主体功能区布局"作为主要目标之一。主体功能区以形成合理的国土开发格局为出发点，以区域资源环境承载能力、现有开发密度和发展潜力为划分依据，是对我国快速城市化、工业化进程中"冒进""无序"的城市空间开发与资源、生态环境压力的政策响应。主体功能区通过对区域的空间开发功能进行分类，对区域进行"差别化"管理，有助于区域充分、有序地发挥其在自然生态系统和社会经济系统中的作用，为调控城市空间增长提供了科学基础。

过去10年，以推进国家及省层面主体功能区划工作为基础，我国主体功能区划研究累积了较丰富的成果。如从地域功能分异（樊杰，2007；朱传耿等，2007；陈小良，2013）、空间均衡模型（樊杰，2007；哈斯巴根，2013）、空间供需模型（刘传明，2008）、基于生态阈值理论的"承载力—潜力—压力—阻力"模型（张晓瑞和宗跃光；2010a）等方面构建了主体功能区划的理论与模型；从区域功能定位、划分尺度、划分依据、区划特性等多个角度对主体功能区的内涵进行了阐释（高国力，2007；朱传耿等，2007；Fan et al.，2010），并以不同尺度（国家级、省级、市级、县域）对主体功能区划分的技术流程与决策支持系统进行了实践与探讨（如段学军和陈雯，2005；陆玉麒等，2007；张广海与李雪，2007；刘传明，2008；冯德显等，2008；曹伟等，2011；Fan et al.，2012；Wang et al.，2012）。2015年6月，我国首次公开出版的国家及各省（自治区、直辖市）主体功能区划方案，成为指导我国区域协调发展的宏观依据。

主体功能区战略是"自上而下""体现区域差别化"的综合管治体系，不同尺度、不同部门层面的协同与延续尤为重要。我国现行主体功能区划（国家发展与改革委员会，2015）是在国家和省级层面的较大尺度、方向性的区划方案，其"落地"实施有赖于在更小尺度（市、县级）上的细化与落实。然而，随着尺度的变化，区域功能的性质、表现形式亦随之改变，在中小尺度进行主体功能的识别还存在诸多理论与实践挑战亟待解决。此外，不同层级和类型的规划由于关注的区域、主要矛盾不同，如城市规划重点关注城区、环保规划对空间格局指导性较差等。亟待以指导城市土地开发为目标的，既有战略指导性、又有约束控制力度，充分协调相关规划之间关系的综合决策，主体功能区就承担了这样的功能。因此，无论从理论还是实践出发，在中小尺度深入并完善主体功能区划研究都十分必要。

1.1.4 连云港是快速城市化背景下城市空间增长无序的典型区域

沿海地区的人—陆地—海域三者作用最为密切，是社会经济发展与资源环境保护矛盾突出的典型区域（Zhang and Wang，2000；Yang and Shi，2001）。

特别是在经济较不发达、以跨越式发展为目标的我国东部沿海城市，城市空间增长与生态环境制约之间的矛盾更为明显（Xu et al.，2009）。

连云港在我国沿海城市中经济发展起步较晚，但作为陇海—兰新经济带和沿海经济带的交汇点，重要的战略区位决定了其一直是江苏沿海开发和苏北振兴的"第一增长极"。自 2000 年连云港进入城市化加速期以来（见图 1 - 1），城市空间向农田、沿海湿地快速扩张，并呈现明显的"城市蔓延"特征（Sun et al.，2012；张大伟，2012）。研究表明，快速城市化阶段连云港耕地退化、景观格局破碎化加剧、海域污染等一系列区域环境变化与城市规划和区域发展战略的驱动直接相关（李杨帆等，2007；Li et al.，2010；Li et al，2013）。特别是在 2009 年国务院发布《江苏沿海地区发展规划》后，连云港不仅成为江苏沿海开发的"引擎"，更是连接"东""西""南""北"产业带发展的枢纽。新一轮的"连云港城市总体规划（2008—2020 年）"也提出要突破城市空间发展边界的单一和固化，以钢铁、石化产业为支撑，构建"港—产—城"的发展格局（连云港市人民政府，2009；盛鸣等，2009）。可以预见，连云港面临旺盛的城市化、工业化开发需求，空间快速扩展与区域环境承载力不相符合的矛盾也日益突出。因此，在沿海开发驱动下的快速城市化背景下，迫切需要充分认识连云港城市空间增长格局的合理性，为连云港实现可持续发展提供科学依据。

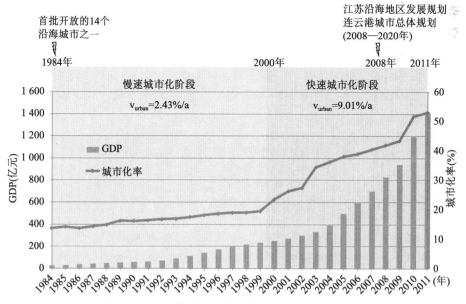

图 1 - 1　连云港城市化发展背景（1984—2011 年）

1.2 相关研究进展

1.2.1 快速城市化与城市空间增长

城市空间增长是城市化发展最直观的体现（Deakin，1989；Bourne，1996）。在内外驱动力作用下，城市化发展通过占用更多的土地来满足不断增加的住房、工业、服务业扩张和基础设施的建设需求，导致了城市用地规模的扩大与城市结构的变迁（Parker，1996；Ogu，2000）。虽然目前尚未有对城市空间增长统一的定义，但大部分观点都认为城市空间增长是城市用地向周边未开发地区不断扩展的过程（Ewing，1994；Yeh and Li，1996；Tania et al.，2001；Liu，2002；Herold et al.，2003）。

在城市化快速发展的背景下，城市空间范围迅速地扩大与延伸，建设用地的不断增加成为快速城市化地区土地利用结构变化的最显著的标志（Liu et al.，2005）。近30年来，全球各地区城市用地的增长率均超过了城市人口的增长率，城市空间的膨胀和无序增长趋势日益加剧，成为世界范围内城市发展面临的主要问题（Seto et al.，2011）。城市空间的增长是历史和现状多种因素综合作用的结果，人口增长、经济发展、技术进步、经济结构、土地政策、生活方式等的转变都直接影响着城市土地利用的变化（Seto and Kaufmann，2003；Tan et al.，2005；Miceli and Sirmans，2007）。因此，虽然国内外城市总体都经历了膨胀式和分散化的空间过程，但在城市空间增长的机制与模式方面，呈现出各自不同的特征。

（1）国外快速城市化与城市空间增长

在市场经济与工业化发展的驱动下，西方发达国家的城市化发展在20世纪50年代就达到了加速的峰值。自1975年起，城市化发展的速度有所下降，直到2000年城市化率达到76%后，大规模的城市化快速发展进程基本结束（United Nations，2012）。对20世纪的城市化发展的统计表明，欧美大部分国家的城市人口密度都呈现逐步下降的趋势①，如美国 1990 年的平均城市人口密度是 1920 年的 40%；城市空间增长的速度大大超过城市人口的增长速度，如从 1970 年到 1990 年间，洛杉矶和西雅图的城市建成区面积分别增加了 200% 与 87%，而同时期城市人口仅增加了 45% 与 38%。

国外学者倾向于将不断向外延伸发展而导致失控的城市空间增长现象称为"城市蔓延"（Urban Sprawl），是一种以低密度、蛙跳式或者私家车导向等为特征的扩张现象和郊区化过程（Guttmann，1961；Dutton，2000；Galster et al.，2000；Burchell and Galley，2003；Mills，2003；Soule，2006）。城市蔓延过程还伴随着土地利用低效、能源消耗增加、农田面积锐减、交通拥堵、失业、基础设施缺乏等一系列社会、经济和环境问题（Freeman，2001；Camagni et al.，2002；Burchell and Gally，2003；Bloom et al.，2008），成为困扰城市可持续发展面临的重要难题。

城市蔓延形成被认为是市场、政府和个人共同作用的结果。市场因素使得城市开发不断向土地资源丰富、地价低、环境好的远郊扩展，推动了城市蔓延的产生（Miceli and Sirmans，2007）；其次政府规划与决策，如税收政策、住房政策、交通设施建设等方面对郊区开发的鼓励，进一步促进了城市蔓延（Dai et al.，2010）；此外，郊区化的蔓延过程使得人们满足了远离约束、自由独处的追求，因此欧美国家居民对生活方式的选择也是造成城市蔓延的重要原因。

（2）我国快速城市化与城市空间增长

中国的城市化快速发展始于 20 世纪 80 年代后期，到 2014 年城市化水平已经达到 54.7%，仅用了不到 30 年的时间城市化率就提高了一倍（国家统计局，2015）。中国正在经历着有史以来最快速的城市化进程，并在未来 20 年间将继续保持加速发展的趋势（Paulussen，2003；顾朝林，2005；Seto et al.，2011）。

在快速城市化发展背景下，我国的城市空间增长一方面与西方国家类似，受到人口、收入、交通成本及土地价格等的直接作用（刘曙华，2006；Deng et al.，2008；鲍丽萍等，2009；薛俊菲等，2012）；另一方面更多地受到区域规划、土地管理政策、行政区划、甚至是地方官员晋升因素的影响（吴宏安等，

---

① 资料来源：Demographia World Urban Area，2006. 02，http：//www.demographia.com。

2005；Lichtenberg and Ding，2009；Li et al.，2015；傅丽平和李永辉，2015）。还有学者认为中国的城市扩张是在实现土地收益最大化的驱动下，土地利用的空间转换过程（Wu and Webster，1998；Cao et al.，2008）。2000 年后，随着大学城、开发区和工业园在各级城市中的大规模建设，"圈地式"的发展成为城市化和城市空间增长最显著的特征（Lin，2007；储佩佩等，2010）。

在政府主导型经济与工业化、城镇化互动发展的背景下，这一阶段的城市空间增长存在总量失控、土地利用结构失调、利用效率低等问题，严重影响到耕地保护与粮食安全，导致生态环境的持续恶化（刘新卫等，2008；World bank，2014）。我国大部分学者沿用西方国家提法，将快速城市化背景下城市用地无序扩张的现象也称为城市蔓延（如 Wu and Yeh，1999；Lin，2001；蒋芳等，2007a；李效顺等，2011）。这一结论主要基于：一方面城市空间增长呈现与城市蔓延相符合的特征，如改革开放以来"摊大饼"式和"蛙跳式"的发展模式中表现出的人口向郊区扩散、郊区低密度及分散式开发现象（王琳等，2001；苏建忠，2006；黄晓军等，2009）；另一方面，与西方国家城市蔓延的负面影响相同，我国城市空间快速增长的社会成本也超过了其带来的社会福利（李强和戴俭，2006），表现在建设用地以快速、低效、无序的形式向周边地区扩张，带来农田流失、交通拥堵、开敞空间减少、土地利用效率降低等问题（杨开忠等，2007；蒋芳等，2007b）。

除上述共性外，由于城市化发展阶段与内外驱动因素的差异，我国快速城市化时期城市空间增长与传统意义上的"城市蔓延"还存在明显区别。

①产生的阶段不同。国外的城市蔓延主要产生于郊区化阶段，我国的城市空间快速增长则处于城市郊区化和区域城市化大规模发展并存的阶段。

②关注的地域空间不同。与国外关于城市蔓延的研究类似，我国对城市空间增长特别是城市蔓延的研究也多以大城市为主要研究对象，在空间范围上着重关注建成区及城市边缘区（赵燕菁，2001；李晓文等，2003；苏建忠，2006；韦亮英，2008；Huang et al.，2009）。但是，随着我国城市空间快速增长的分散化和随机化趋势日益明显，"膨胀"式的空间增长现象正由城市中心区、边缘区向周边更大范围的乡镇和农村地区逐级扩散（廉伟等，2001；Fan，2006；Bai et al.，2011；Shu et al.，2014）。因此，有学者指出大城市边缘区的空间范围应当远大于西方国家（Webster，2002）；城市空间增长的关注范围应基于区域整体的视角，对城市中心区及周边乡镇、农村地区的城市化与工业化发展进行系统的研究（Praendl‒Zika，2007；韦亚平和汪纪武，2008）。

③空间增长的模式与特征不同。例如，我国所谓的"低密度"式增长与西方国家相比，应归类为高密度（蒋芳，2007c；冯科，2010）；西方国家的郊区化时序是居住郊区化先于产业郊区化，我国则相反；西方国家的城市蔓延往往导致中心城区的弱化，我国城市的空间增长则呈现强中心与分散化并存的特征（李雪英和孔令龙，2005；蒋芳，2007c；唐相龙，2008；Wei and Zhao，2009；杨山等，2010；Schneider et al.，2015）。

我国学者运用 RS、GIS 以及与多种土地利用模型相结合的研究方法，提出城市空间增长的模式可归类为：一是主导因子型：环境制约型、交通导向型、规划约束型；二是几何形态型：散点式、线形（带状）、星型、同心圆式；三是非均衡型：轴线扩展、蛙跳式扩散模式、低密度连续蔓延模式等。实际的城市空间增长格局通常是几种模式综合作用的结果（杨荣南和张雪莲，1997；许彦曦等，2007；韦亮英，2008；林燕芬等，2011）。

总体来看，快速的工业化和城市化是改变城镇和农村土地利用结构的重要驱动因素，中国城市空间增长特征主要表现为承担区域生态服务功能的土地不断流失，大量的耕地、农用地和水体等非建设用地转化为城镇与工业用地（刘盛和，2002；刘新卫等，2008；Long et al.，2009；Jiang et al.，2013；王洋等，2014）。与城市化发展的阶段相吻合，先后经历了慢速、加速、快速、限制等不同的阶段（李琳，2008；郭月婷等，2009）。

1.2.2 城市空间快速增长的生态环境效应

大量研究表明，由于缺乏合理的土地利用规划与空间调控措施，城市空间的快速增长对生态环境带来一系列的负面影响，主要集中在环境污染、生态系统服务以及生态安全等方面。城市空间的快速增长占用了更多的土地资源，导致农田、森林、水体和开放空间的大量流失（Nelson，1990；Burchell et al.，2005；Zhao et al.，2006；Zhang et al.，2007；Liu et al.，2010）。建设用地在空间上无序、分散化的增长模式使得景观破碎度增加，景观抗干扰能力降低（刘春霞等，2011；黄会平等，2010）。基础设施与城市用地和工业园区快速扩张的不同步使得环境污染加剧，生态环境质量明显下降，造成大气污染、水体污染、热岛效应及人居环境恶化等问题（Kahn，2000；Freeman，2001；Weng et al.，2007；李成范等，2008；韦亮英，2008；陈志等，2009）。城市用地增加也是生物量减少、物种灭绝、气候变化的主要驱动因素（Foley et al.，

2005；Miles and Kapos，2008；Wise et al.，2009；Hahs et al.，2009）。据预测，未来 20 年这种负面影响还将持续、并将在更大范围自然生态系统内产生集聚效应（Seto et al.，2012；Guneralp and Seto，2013）。此外，还有学者指出生态环境对土地利用变化的有序性和变化速度具有明显的响应特征，城市空间处于快速、无序增长的状态时，生态环境状况呈现加速恶化的负向响应特征（涂小松和濮励杰，2008）。因此，对快速城市化背景下的城市空间增长进行合理调控，使空间开发的状态趋于有序，是减少或消除负面生态环境效应的必要手段。

1.2.3　城市空间增长的调控

（1）国外城市空间增长调控进展

随着无序的城市空间增长带来的负面效应得到共识，对其进行管理与调控成为世界性的热点问题。城市空间增长调控是应对城市蔓延的政策产物，旨在通过重新分配社会资源在空间上的分布，限制城市空间的任意发展，探索合理的城市空间增长模式（Anas and Rhee，2006）。

城市空间增长调控的理念最早来源于美国的增长管理政策（Growth Management）。有学者从规划的角度将增长管理理解为政府对区域开发的速度、规模、类型、布局以及质量的约束（Fulton and Nguyen，2002），其目的不是限制增长，而是通过对不同土地利用目标之间冲突和利益的协调与平衡，来达到开发与保护之间的动态均衡（Chinitz，1990；Degrove，1992；Porter，1997）。城市增长管理政策已在许多国家得到实践（如 Alterman，1997；Bengston et al.，2004；Han et al.，2009；Ingram et al.，2009），其政策的主要目标可归纳为：第一，保护开敞空间、农田以及保护区等不受城市无序蔓延的侵占；第二，避免低密度城市蔓延；第三，提升城市公共交通使用率；第四，促进紧凑型增长（Frenkel，2004；Ingram et al.，2009）。

城市空间管理的政策工具可分为规划措施与经济措施两类。其中，规划措施是指以调控城市空间增长为目标的土地利用规划手段，而经济措施是通过税收、收费等手段来降低不合理的城市空间增长的外部性。

规划手段的核心是通过土地利用规划的方法，将区域分为不同的类型区，制定相应的管治目标，调控其开发的性质、强度和时序，从而使得城市的发展充分考虑到环境资源保护的要求（Kelly，1993；Gillham，2002；Cho，2002）。主要的政策工具如利用"城市绿带"（Green belts）来限制城市蔓延和保护敞开空间；通过确定城市增长边界（Urban Growth Boundary，UGB），确保城市用地增长避开农田、林地和开敞空间等需要保护的区域；设立保护区（Preserve）；分区管制（Zoning）等（Booth，1996；Yokohari et al.，2000；Kim and Gallent，2001；Geller，2003；Downs and Fernando，2005；Tang et al.，2007）。总体来看，规划手段的切入点可以归纳为两个方面：一是控制城市空间增长的边界，例如直接划定城市用地的界限或者通过划定城市周边需要保护的用地范围对城市空间增长的界限形成间接控制等。二是对未开发用地向城市用地的转变进行直接管治。

此外，经济学家则针对规划政策可能存在的弊端，提出通过财税政策来控制城市空间的无序增长，如 Brueckner 提出对开发活动和交通拥堵进行收费，以弥补由于城市规模无限制扩大和带来的负外部性（Brueckner，2008）。经济手段的优点在于避免规划手段不够灵活可能带来的负面作用；但是由于对成本的估算缺乏科学合理的方法，难以获得精确的标准，政策的实施效果也会受到影响。规划手段在一些约束性较强的措施方面则更加直接有效（Paulsen，2013）。因此，在实际执行中，往往是在规划手段的基础上综合运用经济手段，并不断地进行调整。

在城市增长管理思想的影响下，国外城市空间增长策略也发生了深刻的转变，如美国提出以公共交通导向的邻里开发（Transit – Oriented Development，TOD）和邻里开发（Traditional Neighbourhood Development，TND）为代表的新城市主义（New Urbanism）思想，日本引入区域划分制度来调控城市人口密度、抑制城市空间的无序扩张，英国则提出通过发展"紧凑型城市（Compact City）"来应对城市空间扩张和环境恶化问题（戴均良等，2010）。

20 世纪 90 年代后，"精明增长"（Smart Growth）逐渐成为城市空间增长调控路径的汇合点和主流思想（Moglen et al.，2003）。"精明增长"是针对城市蔓延提出的全面的城市空间可持续发展策略，是不断从城市空间增长调控的相关理念、实践中综合累积而成的政策工具。2003 年美国 Smart Growth Network 组织提出了关于"精明增长"的十项原则，主要包括土地混合使用、紧凑和多种选择的住房、适合步行的社区、多模式的交通方式等要点（Smart Growth Network，2003）。

综合国外城市空间增长调控的研究与实践，其理念和措施逐步体现了由

"控制"到"引导"的转变，如从城市增长边界设置、绿带等明显末端治理色彩的调控手段，到"紧凑城市""精明增长"等着重引导城市空间合理增长的理念，体现了城市空间增长调控越来越注重建立协调土地利用冲突和利益相关者矛盾的机制。

（2）我国城市空间增长调控进展

我国城市空间增长过程中的问题日益暴露，对其进行调控和管理也得到高度关注。在理论研究方面，我国学者大多是在借鉴西方城市蔓延控制思想的基础上，围绕"城市增长管理""城市增长边界""精明增长"等定义、理念及相关政策工具，讨论我国的相关适用及应用思路问题。如朱振国等（2003）基于南京城市空间扩展的动态特征，提出"主城区外部刚性约束—内部结构优化—外围空间引导"的城市空间增长管理措施。马强与徐循初（2004）认为精明增长理念是对城市发展的——"空间结构、用地模式以及交通体系"3 个关键问题的综合策略，我国的城市空间增长应基于区域整体生态系统视角，由外延扩展为主向内涵优化方向转变。李翅等（2006）提出城市空间扩展应当采用适度规模与合理城市形态，促使城市精明增长和紧凑发展，并提出 3 种开发模式：控制型界内高密度开发模式、引导型界外混合开发模式和限制型绿带低强度开发模式。祝仲文等（2009）以防城港市为例，根据区域土地生态适宜度对城区建设用地的刚性增长和弹性增长边界进行划定，并提出相应空间管制对策。黄晓军等（2009）认为城市空间扩展调控应强调"内涵式"增长，以"分散化的集中"模式优化空间布局。戴均良等（2010）认为城市空间增长调控应首要考虑资源环境条件的制约，提倡采取相对紧凑的空间发展模式；区域现有交通、土地开发和居住用地开发模式是控制城市用地开发密度的重要因素。刘艳艳（2011）在分析改革开放后我国城市空间扩展存在的外延扩展迅速、"外溢—回波"效应突出以及规划管理的 GDP 导向明显等问题的基础上，提出借鉴美国经验，从城乡协调的角度构建节约型城市空间结构。张学勇等（2012）分析了在两种机制，即动力类机制（经济、社会、开敞空间）和阻力类机制（历史文化、环境容量等）共同作用下，北京亦庄新城扩张的形态。总体来看，国内对城市空间增长的调控策略仍处在起步阶段，大部分停留在理论探讨和定性分析的层面，由于城市化发展阶段、土地产权模式不同，不能简单复制西方国家的调控方法，迫切需要在对我国城市空间增长调控给予科学定位的基础上进行理论与方法层面的创新。

实践方面，2000 年后，我国区域政策开始重视空间管治和统筹发展的理念，主要体现在城镇体系规划、总体规划以及土地政策改革层面。2006 年修订的《城市规划编制办法》明确提出要划定空间增长边界：中心城区总体规划应当"划定禁建区、限建区、适建区和已建区，并制定空间管治措施"。2014 年国土与住建部门联合将 14 个城市列为首批城市开发边界划定试点城市，表明以"边界"来框限城市无序发展将成为常态。在此影响下，我国城市空间增长调控实践探索以城镇体系规划为依托，从市级、省级层面至城市群层面展开。如"合肥市城市总体规划（2006—2020 年）"将中心城区分为建成区、适宜建设区、限制建设区、禁止建设区四种类型，并对不同区域的建设与保护要点进行了规定。广州城市总体规划提出"六线控制体系"结构，即红线、黄线、绿线、蓝线、黑线和紫线。其中："红线"控制主干道及以上级别道路用地边界；"黄线"控制城市建设区边界；"绿线"控制生态建设区边界；"蓝线"控制河流水系、滨水地区边界；"紫线"控制人文景观保护区、历史街区、文物保护单位边界；"黑线"控制主要市政公用设施以及走廊用地边界（冯科等，2008）。山西省城镇体系规划提出将管制区域划分为优先发展地域、适度开发地域、重点保护地域三类（徐保根等，2002）。深圳市从 2005 年起率先施行的"基本生态控制线"被认为是城市增长管理领域的重要创新，在保护城市生态空间、遏制违法建设方面发挥了积极作用（盛鸣，2010）。

在宏观政策方面，自科学发展观提出后，我国先后出台了《关于深化改革严格土地管理的决定》《国务院关于加强土地调控有关问题的通知》，将土地政策作为宏观调控的基本措施。2008 年起提出要将坚持最严格的耕地保护制度和最严格的节约用地制度作为我国城镇化发展的重要准则。此外，"十一五"期间《国务院关于落实科学发展观、加强环境保护的决定》（国发〔2005〕39 号）首次提出要根据资源禀赋、环境容量、生态状况、人口数量以及构架发展规划和产业政策，明确不同区域的功能定位和发展方向，"十二五"期间《国务院关于加强环境保护重点工作的意见》（国发〔2011〕35 号）明确提出要划定生态红线，表明了我国加强土地开发调控的政策取向。

（3）对城市空间增长调控的评价与反思

对城市空间的无序增长进行管理的必要性显而易见，然而具体管控措施是否能达到预期目标却并不确定。由于缺乏反证的实验数据、成熟的评价方法、时间与空间尺度的不确定性，以及政策目标的模糊性、效用的时滞性等问题，对管控措施的有效性进行评价还存在诸多挑战（Benston et al.，2004；Koomen et al.，2008；Ingram et al.，2009）。此外，由于影响城市增长管理手段效果的因素过多（各国家、区域的土地所有制、市场化水平、资源禀赋等背景不同），对其适用性和有效性的争议与反思也成为近年来的热点问题（Carruthers，2002；Nelson and Dawkins，2004；Yin and Sun，2007）。如美国的经验显示，相关的管控手段如划定城市增长边界、精明增长政策等可以达到预期目标（近郊区的城市蔓延得到控制、减缓城市用地增速、保障开敞空间、促进紧凑发展等），但引发了城市用地向边界外或远郊区加速蔓延的负面后果（Ronbinson et al.，2005；Boarnet et al.，2011；Newburn and Berck，2011）。在保护农地、节约能源、改善生态环境、提升社会福利等方面，需要引入经济措施、准入系统等更为灵活的手段以规避空间调控手段可能带来的外部性与潜在风险（Pendall，1999；Kim and Gallent，2001；Dawkins and Nelson 2002；Robinson et al.，2005；Newburn and Berck，2011）。各国实践的经验教训表明，抑制城市无序蔓延没有统一的、包治百病的治理手段，严格的实施保障体系、分阶段目标管理、自上而下与自下而上相结合等是提升城市增长管理效用的重要因素（Glaser and Ward，2006；Ingram et al.，2009；Frenkel and Orenstein，2012；Paulsen，2013）。

我国的城市空间增长实践还在起步阶段，与西方国家城市扩张调控着眼城市蔓延与郊区化问题相比，我国调控政策侧重"用地控制"，属于"末端治理"层面。特别是在城市边界、生态红线划定方面，多考虑限制性因素，在协调经济、社会、环境三方利益冲突时"刚性"有余、"弹性"不足。如深圳基本生态控制线的实施过程中，对生态底线控制区内涵界定、管理机制、冲突协调等方面提出了挑战（盛鸣，2010）。我国的实践经验表明，为避免"一管就死，不管就乱"的负面效应出现，有效的城市空间增长管理须建立在科学的、弹性与刚性相结合的、充分考虑城市用地需求、适宜的综合规划基础之上（王颖等，2014；吕晓等，2015）。

1.2.4 主体功能区划

城市是复杂的"巨系统"，要从对无序增长的"控制"尽快转变为对空间结构的"优化调控"，需要有一个基础性规划和系统的战略引导，主体功能区就承担了这样的功能。

2005 年国务院发布的《关于落实科学发展观加强环境保护的决定》提出要根据资源禀赋、环境容量、生态状况、人口数量以及国家发展规划和产业政策，明确不同区域的主导功能定位和发展方向，促进地区经济与环境的协调发展。在此基础上，"十一五"规划（国家发展和改革委员会，2006）进一步明确提出要进行国土主体功能区划（PFOZ, Principal Function Oriented Zoning），作为国土空间开发与调控的主要战略，即"根据资源环境承载能力、现有开发密度和发展潜力，统筹考虑未来我国人口分布、经济布局、国土利用和城镇化格局，将国土空间划分为优化开发、重点开发、限制开发和禁止开发四类主体功能区，形成合理的空间开发结构"。"十一五"规划中提出的各类功能区的特征与内涵见表 1 - 1。2010 年 12 月国务院发布的全国主体功能区划方案提出了国家层面的主体功能分类指导方案（见图 1 - 2）。2015 年 6 月，国家发展改革委正式出版《全国及各地区主体功能区划》，标志主体功能区划已在省级层面实现国土全覆盖。

表 1 - 1   **主体功能区的内涵及特征**

功能类型	资源承载力	开发密度	发展潜力	内涵	发展方向
优化开发	减弱	较高	较高	开发密度较高，资源环境承载能力有所减弱，是经济和人口密集区	改变经济增长模式，把提高增长质量和效益放在首位
重点开发	较高	—	高	资源环境承载能力较强、经济和人口集聚条件较好	支撑经济发展和人口集聚的重要载体
限制开发	较低	—	较低	资源环境承载能力较弱、大规模集聚经济和人口条件不够好并关系到较大区域范围生态安全的区域	加强生态修复和环境保护，引导超载人口逐步有序转移，逐步成为区域性的重要生态功能区
禁止开发	极低	—	极低	依法设立的自然保护区域	依法实行强制性保护，严禁不符合主体功能定位的开发活动

资料来源：《中华人民共和国国民经济和社会发展第十一个五年规划纲要》，2006。

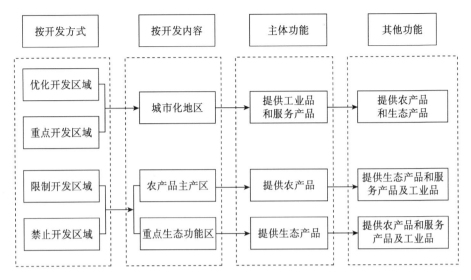

图 1 - 2　中国主体功能区分类及其功能

（1）理论研究进展

主体功能区被认为是对传统区划理论的重大创新，通过平衡开发与保护用地之间的矛盾来优化空间开发秩序，为城市空间增长调控提供了可参考的视角。主体功能区的理论研究主要集中在主体功能区的识别与分类模型、主体功能区的内涵与外延等方面。

目前对主体功能开发的解读大部分基于"十一五"规划的提法，认为"开发"的内涵并不等同于"发展"，主要针对大规模城镇化与工业化性质的开发活动（陆大道，2005；樊杰，2007；Fan，2009；Lu，2009；Fan et al.，2012）。"主体功能"是指一个地区所承担的主要功能，决定着该区域的空间属性和发展方向；主体功能区是从空间开发适宜性的角度，综合考虑三大因素而划分的具有特定主体功能的空间单元，其功能具有多元性与综合性，在强调主导功能的同时不排斥其他辅助与次要功能；主体功能区的空间范围具备相对稳定和长期动态变化的特征（朱传耿等，2007；张虹鸥等，2007；国家发改委，2007；顾朝林等，2007；谢高地，2009）。主体功能区除来源于可持续发展、空间结构、区域协调发展等理论，还提供了更为丰富的理论探索视角，如区域空间分异理论（樊杰，2007；朱传耿等，2007；陈小良，2013）、人地关系地域系统理论（刘卫东和陆大道，2005；冯德显等，2008）、空间供需模型（刘传明，2008）、区域外部性（王昱等，2009）、生态阈值理论（张晓瑞和宗跃光；2010a）、空间均衡理论等（陈雯等，2004；樊杰，2007；哈斯巴根，2013）。

（2）划分方法及地区实践

随着以主体功能区划为导向的空间管治研究和实践的深入，目前学术界对主体功能区的内涵、特征等的认识基本达成一致。主体功能区划的思路与方法，不仅是主体功能区研究的核心内容，也是存在争议的主要研究领域。研究热点集中在主体功能区的类型划分、空间单元、指标体系以及区划方法等方面。

- 类型划分

由于主体功能区划分的层面不同，从国家级、省级、市级到县级，对主体功能区划分的类型存在不同的观点。普遍的观点认为较高层面的区划适合四类功能区，目前公布的全国及各省主体功能区划方案也统一为四类功能区（见图1-2、图1-3）；而省级以下的区划由于划分单元较小，不应局限于四类功能区的范畴，可通过增加功能类别（过度类型或者功能亚区）来更好地体现不同单元的功能差异（樊杰，2007；刘传明等，2007；陆玉麒等，2007；李传武等，2010）。特别是限制开发功能区由于功能边界较模糊，成为近年来深入细分的研究热点（钟高峥，2011；米文宝等，2013；王婷玉，2013；杨美玲，2014；王雪，2014）。然而，功能类别的增加、修改、细化目前尚不存在较为统一的标准和定义，省级以下较小尺度的划分仍在探索研究阶段。此外，如何通过合理确定功能区类别将不同层级之间的区划有机衔接、以提高区划的可操作性也是保证主体功能区划全面实施面临的难点。

- 空间单元

由于主体功能区以政策区为主要导向，行政单元特别是县域和乡镇单元成为使用最多的基本地域单元（顾朝林等，2007；周敏和甄峰，2008；普荣和吴映梅，2009；曹伟等，2011；陈焕珍，2013；林锦耀和黎夏；2014）。然而，在实际操作中，关于空间单元的尺度合理性，数据和时间、空间的匹配性等方面还存在较多争议和矛盾有待深入研究。焦点主要围绕两方面：采用哪一层级行政单元，如何打破行政单元束缚。全国和各省主体功能区划方案中，除禁止开发区及需要特殊保护的生态功能区外，均采用行政区（县级单位为基本命名单元、乡镇级单位为最小分类单元）作为功能区空间分类单元。由于不同层级需要的分类精度各异；各行政级别单元的数据可得性和易操作性不可兼得，需要权衡选择合理的划分单元（马仁峰等，2010）。此外，以行政单元来圈定某一地域的主体功能过于笼统，且易引发行政区域之间的利益争夺，使得主体功能区规划难以深入贯彻。有观点认为应当在上级功能区的基础上进行进一步细分（张晓瑞和宗跃光，2010b），或者只识别国家、省级功能区下政策实施的重点区域，而不强求国土全覆盖（王传胜等，2010）；也有学者根据具体地域功能依托的自然单元来进行划分及命名（谢高地等，2009；张耀光等，2011）。可见，由于对地域功能形成、演变的机制理解不同，对主体功能区划的类别划分及所依托的空间单元也相应多样。

· 指标体系

指标体系的研究热点主要集中在指标的选择和分级标准方面。禁止开发区以及具有重要生态功能的区域由于地域功能相对单一，进行单独识别成为较为普遍的观点；其他种类区域由于既具有生态保护价值，又具备社会经济发展潜力，适宜通过综合评价进行识别（刘祥海和俞金国，2009；王强等，2009；陈小良等，2013）。研究者们大多通过层次分析法，构建不同的理论模型来体现多个因素之间的比较或集成，代表性的有经济发展潜力—资源开发成本—生态保护价值模型（段学军和陈雯，2005）、生态—经济重要性模型（陈雯等，2006；陈雯等，2007）、约束—需求（或引导）模型（陆玉麒等，2007；陈雯等，2008；金志丰等，2008；王振波等，2012）、生态敏感性—社会经济发展潜力模型（李传武，2007；朱传耿等，2007）、承载力—潜力—阻力模型（宗跃光等，2007；张晓瑞和宗跃光，2010a；周锐等，2014）；或"十一五"规划中提出的资源环境约束—现有开发强度—未来发展潜力三要素（牛叔文等，2010；曹伟等，2011；陈焕珍 2013；林锦耀和黎夏，2014）等构建相应的指标体系。全国主体功能区划和省级主体功能区划分技术规程则从自然维度、自然环境对不同人类活动的适宜度、地域功能的空间组织效应 3 个维度，共 10 个指标构建了指标体系（杨瑞霞等，2009；樊杰，2015）。

· 区划方法

主体功能区划属综合性区划，使用定量分析与定性分析相结合的划分方法成为共识。在方法的具体选择上，又存在"自上而下"与"自下而上"等划分思路的争议。目前使用较多的方法有加权求和法、主导因素法、综合评价法、判别分析法、空间聚类法等（张莉和冯德显，2007；楚波和金凤君，2007；叶玉瑶等，2008；王建军和王新涛，2008；熊丽君，2010）。在划分实践中，以 GIS 平台为基础的综合空间集成方法，如景观生态指数、地图叠置法、格网分析、密度分析、极点法等成为重要的辅助工具（陈雯等，2006；曹卫东等，2008；张明东和陆玉麒，2009；马仁峰等，2010；王婷玉和米文宝，2014）。

- 配套政策

主体功能区本质上是"政策区"，主体功能区的类别多样性为其配套的政策工具带来困难与挑战。目前对以主体功能区为导向的政策框架和基本思路得到共识，包括财政、货币、产业、土地、人口、环境、绩效评价等七大基本政策（孟召宜等，2007；董力三和熊鹰，2009；程克群等，2009；马海霞和李慧玲，2009）。随着主体功能区的基础性、宏观性指导战略地位确立，其管治导向在我国区域发展及相关决策中也得到广泛体现。如目前公布的省级主体功能区划方案中，除七大基本政策外，各省还针对自身特点和需求制定了特有政策如应对气候变化政策、水资源政策、区域合作政策、民族政策、农业政策、调整行政区划等；各部门也将主体功能区融入管理工作，如环保部于2015年7月发布的《关于贯彻实施国家主体功能区环境政策的若干意见》（环发〔2015〕92号）为健全各功能区环境政策体系提供了依据。然而，由于涉及多部门、多层面的分工协作，更具针对性和操作性的具体调控方案和实施细则还有待深入研究。未来应在充分体现区域差别化的政策体系构建、部门执行协调性、促进行政管理体制改革等方面促进政策的完善与落实（马随随等，2010；张秋平，2014）。

- 热点述评

随着国家和各省主体功能区划方案正式出台，主体功能区划研究在尺度上从省级逐步向市、县级集中（如孙佳斌，2010；曹伟等，2011；甘成，2012；陈小良，2013；林锦耀与黎霞，2014；林燕，2014）。在这样的背景下，如何在上级主体功能前提下，进一步在较小尺度进行功能识别与细化、空间格局优化、产业布局、配套相应政策等成为研究热点（如李传武等，2010；王传胜等，2010；张志斌与陆慧玉，2010；钟高峥，2011；郭庆山，2013；黄静波等，2013；刘年磊等，2014）。随着尺度的缩小，地域功能更为多样化也更具体，主体功能区与土地利用的分区和调控研究结合最为紧密（陈景芹，2011；李彦等，2011；陈雯，2012；唐长春等，2012；张振波等，2013；彭志宏，2014），这也为以土地利用为基础的城市空间增长调控提供了重要基石。

主体功能区划是一项全新的综合区划，也是协调我国城市化进程中开发与保护矛盾的必经之路。地区实践经验表明，区划方法的科学性决定了各界对区划方案的接受程度和方案实施绩效（马仁峰等，2011）。科学的主体功能区划方案应合理地平衡"开发"与"保护"之间的冲突，形成刚性与弹性兼有的动态体系。因此，主体功能区划方案的技术关键与难点集中在类型划分的阈值确定、过渡区域的性质定位、区划过程的标准化、区划动态机制构建等方面（马随随等，2010；张晓瑞和宗跃光，2010b；陈小良等，2013；李红和许露元，2013；杨正先等，2014）。

1.3　研究问题与研究内容

城市空间的无序扩张不仅是世界范围内的难题，也是跨学科研究的热点。城市空间增长调控的关键在于明确：过去的城市空间增长是否合理，未来的城市空间适宜在哪里扩展。

主体功能区为协调城市化过程中开发与保护之间的矛盾、构建合理的空间格局提供了思路，但如何在较小尺度通过划分功能区来实现有效调控还有以下需要值得深入思考的问题：

（1）城市空间增长的有效调控需要与城市的发展阶段、特征紧密联系，套用源于西方国家应对"城市蔓延"的空间调控思路将面临时空不匹配的困境。因此，首要的问题就是要回答城市空间增长存在哪些无序的现象与问题。

（2）国家和省级主体功能区提供了宏观层面的调控依据，较为概念化、理想化。随着研究尺度缩小到市域，主体功能的识别面临着类型多样化、具体化、反功能化等多种挑战，如何构建一套较小尺度适用的主体功能识别体系是应该思考的。

（3）功能区划关注的是最终的"蓝图"，而调控失效往往由于规划与现状之间的衔接缺失，使得现状到远期之间的过程处于不确定的混沌状态。应当思考如何加强功能区识别与城市开发现状之间的动态连接。

基于以上分析，本书研究拟紧扣快速城市化地区城市空间增长的调控这一主题，在沿海开发驱动下的快速城市化背景下，基于主体功能区的视角，通过识别连云港城市空间增长的合理格局，来协调区域开发与环境保护的矛盾。

依照"格局（Pattern）—主体功能识别（Zoning）—调控（Regulation）"的思路，本书主要包括以下三部分内容：

格局（Pattern）——基于快速城市化阶段城市空间增长的典型特征，对城市空间增长进行内涵界定，在此基础上分析研究区域在快速城市化阶段的城市空间增长的时空格局。具体内容见第 4 章。

　　主体功能识别（Zoning）——探索适宜研究区域空间尺度的主体功能识别方法（第 3 章）；基于快速城市化阶段城市空间增长的特征与影响因素，分别构建反映区域特征的环境承载力与发展潜力的评价指标体系，分析研究区域城市空间增长的约束力与潜力两方面的空间分异特征（第 5 章、第 6 章）。

　　空间增长调控（Regulation）——在识别研究区域城市空间增长主体功能的基础上，对快速城市化阶段城市空间增长格局的合理性进行评价，进而提出对城市空间增长的策略与建议（第 7 章）。

1.4　技术路线

　　本书研究的技术路线如图 1 - 3 所示。

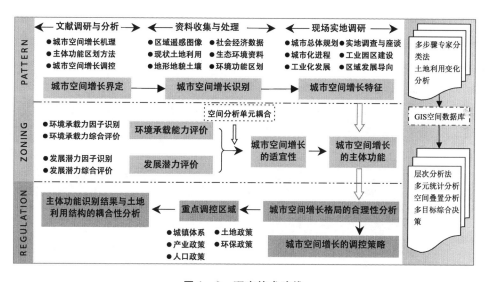

图 1 - 3　研究技术路线

研究区域

2.1 连云港概况及研究区范围

连云港市位于我国南黄海西岸，江苏省东北隅，陆域面积为 7 500 平方千米。海岸带北起苏鲁交界的绣针河口，南至灌河口，大陆标准海岸线长 204.82 千米。连云港具有丰富的海岸带地貌以及优越的地理位置，是我国首批 14 个沿海开放城市之一，不仅被称为连接亚洲与欧洲两个大陆的"新亚欧大陆桥头堡"，更是"陇海经济带"与"沿江经济带"的交汇点。

2000 年起，连云港进入城市化快速发展阶段。本书选取 2000 年与 2008 年为研究工作起始点，研究时段内连云港城市化过程面临着空间增长需求暴发、工业园区扩张及环境保护要求不断提升之间的冲突与矛盾（见图 2－1）。随着 2008 年连云港进行新一轮城市总体规划修编，2009 年沿海开发规划启动，可预见连云港的城市空间增长与工业发展动力将进一步增强。因此，回顾并评价这一典型快速城市化阶段城市空间增长格局的合理性，对连云港下一阶段实现跨越式、可持续发展具有重要的现实意义。

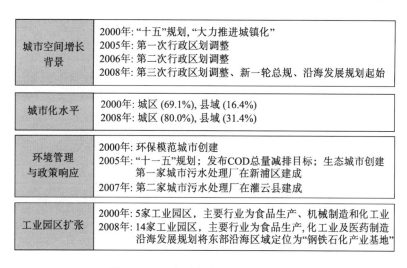

图 2－1 研究时段内区域城市化背景

国内外对城市空间增长的研究在空间范围上多关注城市中心建成区及城市边缘区（赵燕菁，2001；苏建忠，2006；韦亮英，2008；Huang et al.，2009）。随着我国城市空间快速增长的分散化和随机化趋势日趋明显，"膨胀"式的空间增长现象并不仅仅局限于城市中心区、边缘区，而是向周边更大范围内的乡镇、农村地区逐级扩散（廉伟等，2001；Kamal - Chaoui et al.，2009；Fan，2006；Bai et al.，2010）。这种现象在处于快速城市化阶段的中国东部沿海城市表现得尤为明显，城市空间的快速扩张以大量侵占农田为代价，造成整个区域土地利用结构的剧烈变化（Ho and Lin，2004）。因此，有学者指出，城市空间增长研究应基于区域整体视角，对城市中心区及周边乡镇、农村地区的城市化与工业化发展进行系统的分析（Praendl - Zika，2007；韦亚平和汪纪武，2008）。

基于以上分析，本书从区域整体视角出发，关注在快速城市化阶段（2000—2008 年）连云港市各城区以及县域的城市空间增长特征。2008 年连云港市下辖四县（自北向南依次为赣榆县、东海县、灌南县和灌南县）和三区（海州区、新浦区、连云区）。由于部分遥感数据缺失，研究区域范围为连云港东南区域，行政区划上包括新浦、连云和海州三区以及灌云和灌南两县。研究区域总面积为 4 053 平方千米，研究区域内行政区划的层次及特征见表 2 - 1。

表 2 - 1　　　　　　　研究区域内行政区划的层次及特征

地级市层次	县级层次	乡镇层次	特征
连云港	城区（3个）（新浦区、连云区、海州区）	乡（6个）、镇（6个）、街道（19个）	城市化中心区域，主要为城市建成区，人口密度较高，包含少量农田
	县（2个）（灌云县、灌南县）	乡（16个）、镇（17个）	城区周边区域，面积较城区大，主要为城镇和农村居住点，城市人口密度较低，包含大面积农田

2.2　2000 年以来城市化与城市空间增长

2.2.1　地区发展战略与城区扩张

连云港位于我国沿海中部地带，水土资源丰富，区位条件优越，是江苏省最具发展潜力的区域之一。沿海地区通常是经济发展最为活跃的地带，然而江苏沿海开发却长期以后未得到应有的重视。长期以来，该地区以农业开发为主，经济发展相对滞后，产业结构层次低下，属我国沿海地区的经济洼地（Wei and Fan, 2000；江苏省沿海地区工业发展与布局综合研究组，2007；陈诚和陈雯，2008）。2000 年以来，随着"海上苏东"战略的提出，连云港的发展日益得到重视，开始进入了城市化发展的加速期。2008 年，连云港进行了新一轮城市规划的修编（2008—2030 年）；2009 年，国务院发布了江苏省沿海开发战略，意味着江苏沿海开发已经正式上升为国家战略，连云港的发展迎来了前所未有的机遇。

随着沿海开发战略的不断推进（见图 2 - 2）（江苏省发改委，2007），连云港充分发挥了港口、海岸线等资源优势，加速了工业化和城市化进程，具有旺盛的开发需求。沿海开发规划和新的城市总体规划也提出要大力发展以港口为基础的重工业，如石油精炼、化工业以及可再生能源产业等，东部沿海的盐田湿地则成为未来布局石化工业的主要基地。此外，总体规划还提出未来将增加 13 498 公顷的土地用于城市开发建设，其中 27.56% 的用地将作为工业用地，17.18% 的用地将作为新增居住用地。可以预见的是，未来连云港在迎来快速经济发展的同时，也必将面临城市空间急剧增长带来的土地资源短缺和空间开发冲突等问题。

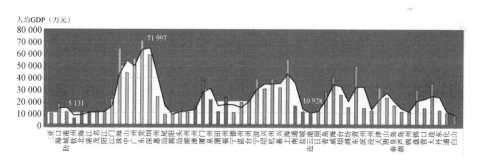

图 2 - 2　江苏沿海三市 GDP 在全国沿海城市中的"经济洼地"示意

为缓解城市用地不足的矛盾，2005 年以后连云港已进行数次行政区划调整，通过合并外围乡镇和调整各城区边界来迎合区域发展需求。赣榆县、灌云县及东海县的部分乡镇和农场成为城市开发用地的重要来源。城区所辖范围不断向周边地区扩延成为快速城市化阶段城市空间增长的重要特征。

2.2.2 城市化与工业园区发展

2000 年以来，连云港的城市化水平与经济总量得到了快速的提升（图 2-3）。根据统计资料，2000 年到 2008 年，连云港的城市人口比例从 23.51% 增长至 42%，GDP 增长率从 7.58% 增长到 15.2%。自 2002 年连云港进行城市总体规划修编及 2006 年东部港湾城市发展战略提出后，建设用地面积也经历了飞速增长，2008 年建设用地面积增长为 2000 年的 2.33 倍。

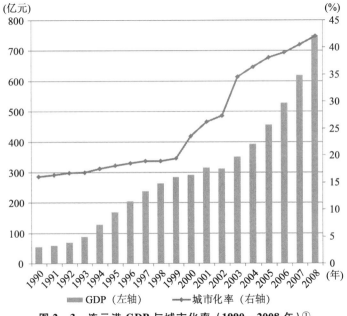

图 2-3 连云港 GDP 与城市化率（1990—2008 年）①

在土地开发政策以及工业化发展的驱动下，在城市边缘区及乡镇建设大规模的"开发区"成为近年来中国城市空间增长的新特征（Deng et al.，2008；Wei and Zhao，2009）。这样的发展模式在研究区域内尤为明显：一方面，沿海地区拥有丰富的深水岸线资源和滩涂资源，区位优越，具备发展工业的良好基础；另一方面，江苏沿海开发战略和新一轮的城市总体规划也提出要将连云港建成新型的金属及石化工业生产基地。2008 年研究区域内主要工业园区规模及主导产业见表 2-2。

---

① 资料来源：《连云港市统计年鉴》（2001—2009 年）。

表 2 - 2　　　连云港研究区域内已有/规划工业园区基本情况列表 （2008 年）

编号	行政区	开发区名称	批准机关	批准时间	规划面积（平方千米）	主导产业
1.	新浦区	连云港高新技术产业园区	省政府	1997 年 8 月	12	电子、新材料、精细化工
2.		浦南开发区	市政府	1996 年 1 月	6	硅材料、电子电器、轻工机械
3.		海宁工贸园	市政府	2004 年 10 月	5	新型能源设备、木材加工、机械、纺织、建材
4.	连云区	大浦化工区	国务院	1984 年 12 月	12	盐化工、精细化工、石油化工、生物化工
5.		连云港经济技术开发区	国务院	1984 年 12 月	25	纺织、电子、医药、机械、食品
6.		连云港出口加工区	国务院	2000 年 12 月	3	机电、食品、家具
7.		临港产业区	省政府	2003 年 5 月	10	冶金、化工、机械
8.		板桥工业园	市政府	2006 年 5 月	9	一般加工制造业
9.		中云台物流园区	国务院	1984 年 1 月	2	物流
10.		港口保税物流园区	海关总署	2008 年 2 月	8	物流
11.		徐圩钢铁产业园	省政府	2009 年 4 月	40	机械装备制造业
12.		徐圩石化产业园	省政府	2009 年 4 月	70	石化、高新技术
13.	海州区	海州经济开发区	省政府	2006 年 4 月	10	机械、纺织、电子
14.	灌云县	灌云经济开发区	省政府	2006 年 4 月	6	医药、纺织、电子
15.	灌南县	灌南经济开发区	市政府	1995 年 1 月	30	不锈钢制品、机械制造、木业家具等
16.		连云港化工产业园	省政府	2006 年 5 月	30	精细化工

注：表中的第 11—12 项为 2008 年规划中尚未开发的工业园区。

资料来源：连云港市规划局；《连云港经济技术开发区产业布局规划》，2006；《徐圩片区发展战略规划》，2009.

2.3　城市空间快速增长中存在的问题

研究区域属陆海交互地带，生态环境较为敏感。城市化快速发展面临着持续增长的土地资源开发需求与相对有限的环境承载能力之间的矛盾。

2.3.1 城市空间发展需求与生态环境敏感性之间的矛盾

从 1978 年连云港进行第一次城市总体规划编制起到 21 世纪初，20 多年间城市发展主要以新海城区为主、连云城区为辅，城市发展空间局限于云台山北麓与临洪河东岸之间的狭长地带，而沿海区域扩展迟缓（盛鸣，2009）。随着 2000 年连云港城市化、工业化进程加快，旺盛的空间需求使得城市开发亟待向东部滨海区域拓展。2006 年连云港市提出"战略东进、拥抱大海"战略决策，在《东部港湾地区战略发展规划（2006）》中明确了"一体两翼"港口发展格局及"一心三极"的城市空间布局战略框架。在这样的背景下，连云港的城市用地扩展迅速，经济总量增速加快，"连云港速度"令世人震惊。

然而，连云港城市化的快速发展以大量填海造地、侵占优质耕地和牺牲环境资源为代价，具有明显的城市空间无序增长的特征。城市用地无序、低效率的扩张也为区域带来潜在的环境风险。有研究指出，东部港湾地区近年来的盐田湿地损失、耕地退化等环境变化特征与城市发展战略的驱动直接相关，表明连云港的城市化发展对区域的生态环境已产生明显的干扰和影响（李杨帆等，2007；Li et al.，2010；Li et al.，2013）。

2.3.2 环境质量不断下降与城市快速扩张并存

快速城市化、工业化发展的同时，区域环境质量急速下降。由于大量排放的污水未实现截留、处理，地表水体与近岸海域水质逐年下降的趋势并未得到彻底扭转（李贵林等，2012；赵颖，2012）。近年来连云港环境监测结果显示，北海洲湾以及蔷薇河等地表水体已受到严重污染，并对水生态系统造成威胁①。研究表明，近年来近岸海域表层沉积物重金属污染分布与人为活动干扰，特别是工业发展密切相关（陈斌林等，2008）。此外，城市用地的不断扩张使得不透水面增加，北流塘河、玉带河、烧香河、临洪河以及西双湖水库等均已受到不同程度的污染，区域水环境承载能力不断下降②。

---

① 《蔷薇河水污染防治规划》（2010—2015 年）。
② 《连云港环境质量报告书》（2006—2012 年）。

城市空间增长调控的
分析与方法框架

对城市空间增长进行合理的调控，是解决人类活动和自然生态之间矛盾的理性选择；主体功能区规划为实现这种调控提供了有益思路。从已有研究进展来看，城市空间增长调控以问题为导向，关注较微观层面用地转换过程的合理性分析与控制，国家与省级主体功能区划则以平衡为目的，关注较宏观层面区域发展的约束力与支撑力，因此实现主体功能区的宏观调控作用真正"落地"，就必须考虑如何将两者的分析思路与方法有机结合。

此外，当主体功能识别由较大尺度转换为较小尺度（市级）时，地域功能由复合型向具体型转变，存在诸多功能区识别的分析与方法挑战。例如：上一级的主体功能定位如何在下一层级得到体现；如何协调由于尺度的变化、在较小尺度出现的更为多样的功能区类型甚至是反功能区；如何确定较小尺度的划分单元及功能区边界。已有研究与实践从地域功能识别本身出发提出了多种解决方案，而从城市空间增长调控的角度出发构建主体功能识别体系还有待深入研究。

基于以上分析，本章旨在提出以主体功能为基础的城市空间增长调控的分析思路与方法框架，主要内容包括：

（1）阐释以空间调控为目的的主体功能区识别的基本概念与主要原则。

（2）评析较大尺度主体功能区划分思路在较小尺度的适用性，在此基础上提出适宜市级尺度的主体功能分类系统。

（3）从识别的尺度、单元与划分方法等方面探索主体功能识别的方法框架与技术流程。

3.1 基本概念与原则

3.1.1 基于主体功能的城市空间增长调控

国内外研究与实践表明，对城市空间增长的调控是基于一定的调控目的，通过对区域开发的速度、规模、布局以及质量进行约束，来协调不同土地利用目标之间的冲突，达到开发与保护之间的动态均衡（Chinitz，1990；Degrove，1992；Porter，1997；Fulton and Nguyen，2002）。调控的政策工具通常以土地区划法案、土地管理或规划条例为主（Bhatta，2010）。

在城市化发展的加速阶段，以经济社会发展需求为导向的土地利用分配方式未充分考虑资源与环境的供给与支撑能力，导致开发用地在空间与时间上的无序利用，造成严重的人地关系矛盾。主体功能区的提出正是以规范区域开发在空间布局上的无序性和盲目性为目的，通过综合考虑区域目前的资源环境承载能力、发展存在的问题以及未来发展的目标，来识别区域发展的合理方向与定位（谢高地等，2009；樊杰，2015）。其本质是在综合考虑经济、社会、资源、环境、生态利益的基础上，探索在一定背景条件下的整体最优状态，引导开发用地的合理配置，协调区域保护与开发之间的矛盾（樊杰，2007；Fan，2012）。

基于以上分析，本书所指的城市空间增长调控，是以协调快速城市化背景下城市化、工业化开发与区域环境承载能力之间的矛盾为目的，通过识别区域开发的主体功能，对城市空间增长的合理性进行分析，从而提出富有针对性的城市空间增长的管制策略。

3.1.2 分类与调控原则

(1) 可持续发展原则

可持续发展理念自1972年斯德哥尔摩大会首次提出以来，得到了广泛的传播与认可，已成为世界范围内环境保护与经济社会发展公认的重要目标与原则。可持续发展关注但并不仅限于关注环境问题，也不等同于将环境问题置于其他因素之上的绿色发展（Green Development）。如图3-1所示，可持续发展关注人类生存及经济社会发展与资源、生态环境之间的相互依存的关系，是指同时满足社会—经济—环境三者目标的平稳状态（International Union for Conservation of Nature，IUCN，2006；United Nations，2009）。

土地作为供给生产、生活资料的重要稀缺资源，是可持续发展关注的重点，人类活动影响下的土地开发利用应当将遵循可持续发展原则作为首要前提。目前，全球地球科学前沿研究提出的"未来地球计划"（Future Earth）（2014—2023年）[①]也将"地表过程—格局"与可持续发展研究相结合，关注基础研究服务于决策应用的途径（樊杰，2014）。

---

① 资料来源：http://www.futureearth.org/.

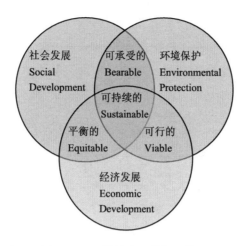

图 3 – 1　可持续发展的框架模型

（译自 IUCN，2006）

主体功能区的出发点与可持续发展原则一脉相承，主体功能区的理论基础、划分指标体系、划分方法都体现了可持续发展的理念。如主体功能区命名中"开发"二字的利益色彩导致其内涵易被曲解，使得地方政府热衷于竞争"重点开发"及"优化开发"的有限名额。然而，从可持续发展的角度理解，开发并不等同于经济发展，只是代表了不同主体功能区的建设方式与手段，最终的目的都是达到社会—经济—环境系统的平衡状态。此外，同可持续发展一样，主体功能区建设并非一劳永逸，而是以充分发挥区域主体功能为目标的动态演变过程。最后，主体功能区的识别也与可持续发展原则密不可分，特别是在指标体系的构建方面，采用经济发展、社会进步与生态环境保护三者融合的指标体系成为共识（朱传耿等，2007；满强，2011；孙鹏，2011）。城市空间增长调控的研究与实践从根本上是对土地利用的不同目的、不同利益方之间的冲突进行协调与平衡，调控的最终目的是尽力维持并提升系统的可持续发展能力。

（2）问题导向与目标导向相结合

主体功能区划是蓝图构建过程，以形成主体功能区格局为目的，使不同区域在更大尺度的系统中实现理想的功能（樊杰，2015）。城市空间调控则以问题为导向，重点关注国土空间开发的过程与格局存在哪些无序的趋势需要扭转。由于主体功能识别涉及因素及模型多样化，不仅增加了系统集成难度，也提升了最终识别结果的不确定性（杨正先等，2014）。此外，主体功能区划分实践中还发现，由于与城市开发与实际脱节，划分过程因过于关注具有理论意义的指标而存在理想化、操作性差的缺陷（李红和许露元，2013）。特别是在较小尺度进行功能区识别时，功能区导向、分类系统的多元化也需要兼顾实际问题与宏观目标，因此在分类系统研制、指标选取与参数范围设置时应有所取舍，兼顾典型性与完整性。

（3）弹性与刚性兼具，相对稳定与动态调整结合

国内外研究与实践经验表明，城市空间增长调控手段应同时具备刚性与弹性，既能实现对不合理的人类开发活动的理性约束，保证土地承担的自然生态功能可以完整发挥；又要避免因为过于刚性和死板的管治措施带来负面后果。特别是以主体功能区为基础的城市空间增长调控，还应充分体现对社会经济发展与土地开发的科学引导作用，在构建方向性、建设性的开发框架下给予市场参与者公平发展的机会。此外，城市空间增长调控与主体功能识别并非一劳永逸，随着内外环境的不断变化、人类认知水平的提升，以及社会经济结构的变迁等，区域功能、区域开发的合理性也随之改变，为提高其有效性，还应通过构建配套监测与后评估体系，实现一定空间尺度与时间范围内的相对稳定与动态调整功能。

（4）与其他规划有机衔接

城市发展同时受到多部门、多种规划的管理与指导，由于出发点、侧重点、依托单位各异，规划落实过程中的功能交叉以及职能冲突已成为协调区域发展的主要难题。主体功能区划虽然是统领各个空间规划的宏观依据，但目前尚未对其实施过程进行立法，因此如何定位、协调主体功能区划与其他相关规划之间的关系至关重要。在这样的背景下，促进"多规合一"成为我国"十三五"期间区域发展需要重点推进解决的课题。学者们初步探讨了主体功能区划与城市规划（韩青等，2011）、环境规划（唐燕秋等，2015）衔接的途径，提出了基于多规融合的区域发展总体框架（顾朝林和彭翀，2015）。2014年8月，国家发展改革委等四部委联合发布了《关于开展市县"多规合一"十点工作的通知》，中央经济工作会议也将推进市县"多规合一"作为经济工作的五大任务之一。因此，以主体功能为基础的城市空间增长调控要尽力在以下两方面加强与相关规划的有机衔接：一方面，主体功能的识别过程要充分考虑并合理采纳其他已有、在编规划的思路与研究基础，如国家、

省级主体功能区划，城市发展总体规划，生态红线规划，环境功能区划等；另一方面，城市空间增长调控方案也要注重从空间、时间尺度上与相关规划的衔接，提高调控措施的可操作性。

3.1.3 主体功能的概念

不同的学者从"空间均衡理论""空间供需理论""地域分异理论"等方面对主体功能区的理论基础进行了解读（樊杰，2007；刘传明，2008；朱传耿等，2007；张晓瑞和宗跃光；2010a；哈斯巴根，2013）。综合已有研究进展，对主体功能的相关概念进行如下阐释。

"主体"的概念可以从两方面进行解读：一方面是代表某一地区所承担的主要功能，这一功能决定了区域的属性和开发方向，是主体功能区的核心；另一方面也反映出在某一主体功能区内，除主导功能外，也存在其他辅助的功能，主体功能区划正是通过比较这些功能之间的相对优势来确定区域主要的功能的过程。

"功能"主要是指区域在"资源环境保护"与"经济社会发展"两方面的相对重要性，强调"开发"与"保护"的相对均衡与空间差异性。一方面，资源与环境承载能力是城市空间发展的基础与先决条件；另一方面，社会经济发展条件和基础是反映区域空间组织结构和市场配置作用的重要因素。主体功能区的识别有利于区域发挥自身的相对优势，选择合理的发展路径，提升市场配置效率的同时体现生态环境的价值，从而促进区域间资源配置的平衡性与合理性。

"开发"是对地域开发功能取向的定义，指以城市化和工业化为导向的大规模的经济开发活动。这一内涵与本书研究的目的——快速城市化地区的城市空间增长调控——的要求相符合，相应的"开发"功能则指代某一功能区对人口与经济活动聚集、工业化开发的适宜程度。因此，"开发"并不等同于发展，例如禁止建开发区并非禁止一切经济开发活动，而是由于其资源环境承载力的局限性而禁止大规模的产业性开发，可适当发展旅游观光业等。

"主体功能"是指在某一尺度上具有显著意义的地域功能，不同尺度上的区域"主体功能"的内涵与表现形式应既有联系，又有区别。一方面，较小尺度的主体功能划分应以不影响较大尺度区域主体功能的发挥为前提，具有充分的空间承载区域的上一级主体功能；另一方面，我国目前国家、省级层面以行政区为主体功能的实施单元，较小尺度的主体功能内涵应当更为具体，分类系统与分类方法应当充分体现区域内部的功能分异特征。

3.2　分类系统及调控思路

3.2.1　较大尺度分类系统及其适用性分析

（1）"十一五"规划的分类系统

2005 年国务院发布的《关于落实科学发展观加强环境保护的决定》（国发〔2005〕39 号）首次提出要根据资源禀赋、环境容量、生态状况、人口数量以及国家发展规划和产业政策，将区域的主导功能划分为优化开发、重点开发、限制开发与禁止开发四类，并从环境政策的角度对四类功能区的管制重点进行了阐述。在此基础上，"十一五"规划纲要进一步明确了"主体功能区"的三大判别因素与四类功能区的内涵（见图 3-2）。三大判别因素即用资源环境承载力来表征资源禀赋、环境容量、生态状况等空间开发的约束因素；用发展潜力来表征区域的区位条件、经济社会发展基础、国家和地区战略取向、产业政策等空间开发的引导因素；用现有开发密度来表征区域人口、经济的密集程度与开发强度等空间开发的现状因素。四类功能区分别是重点开发区（"资源环境承载能力较强、经济和人口集聚条件较好的区域"）、优化开发区（"开发密度较高，资源环境承载能力有所减弱的区域"）、限制开发区（"资源环境承载能力较弱、大规模集聚经济和人口条件不够好并关系到较大区域范围生态安全的区域"）、禁止开发区（"依法设立的自然保护区域"）。

主体功能区三大判别因素较完整地体现了区域开发的约束力、引导性以及开发现状，四类开发功能区的命名也体现了主体功能区开发与保护双重复合的特征。"重点开发"与"优化开发"属开发类功能区，"限制开发"与"禁止开发"属保护类功能区，相对保护重要性逐级升高，开发适宜性依次降低（见图 3-3）。但"十一五"规划提出的判别因素和四类功能区命名在划分实践中存在定位模糊、复合性难度高、动态反馈性不足的问题。

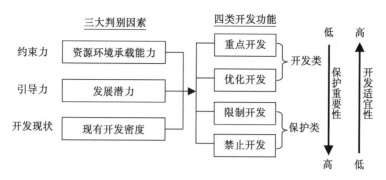

图3-2 "十一五"规划提出的三大判别因素与四种开发类型

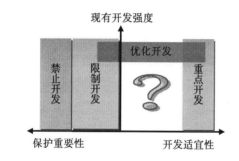

图3-3 "十一五"规划中对四类功能区的类别界定

四类功能区定位模糊：四类开发功能区中，禁止开发区与重点开发区的定位较为明确。优化开发区则主要取决于现有开发密度，在资源环境承载能力与发展潜力方面无明确等级界定，导致优化开发区与重点开发区、限制开发区之间均存在交叠。限制开发区仅关注资源环境承载能力的约束性，忽略了不具备适宜大规模开发的社会经济基础而生态环境约束力较低的区域，使四类功能区之间较缺乏合理的过渡性。

三大判别因素复合性难度高：虽然自然生态指标与社会经济指标之间的复合性已经成为城市用地和区域发展适宜性分析的共识（Liu et al.，2006；Liu et al.，2007；Yang et al.，2009），但"十一五"规划中提出的三大判别因素除涉及社会、经济、生态环境指标的复合性外，还要求定性与定量指标、静态与动态指标之间的复合性，为主体功能的识别带来方法论挑战。此外，发展潜力与现有开发密度之间存在指标重叠的可能性，增加了指标筛选与复合的难度，从而影响最终的识别结果。

功能区识别思路动态反馈性不足："十一五"规划中提出的主体功能识别思路是在对三大判别因素进行综合评价的基础上，明确区域开发的主导功能。

与传统的区划思路相同，该结果反映的是区域现状的空间分异特征，无法体现区域开发现状的合理性。现有开发密度虽可在一定程度上反映区域的开发特征，但仅影响优化开发区域的识别，从整体识别思路来看，区域开发现状与主体功能之间缺乏必要的动态反馈。

（2）国家及省级主体功能区划方案

我国目前公开发布的国家及省级主体区划方案，是基于樊杰研究员领导的团队提出的地域功能识别的指标体系与技术流程。该划分系统从自然维度、自然环境对人类活动的适宜程度，以及地域功能的空间组织效应等 3 个方面构建了功能识别的指标体系。具体指标包括 9 个定量指标：可利用土地资源、可利用水资源、环境容量、生态脆弱性、生态重要性、自然灾害危险性、人口集聚度、经济发展水平、交通优势度以及一个定性指标——战略选择（樊杰，2015）。该指标体系较完整地体现了地域功能的社会、经济、环境三方面因素。然而，由于指标之间的集成依赖权重确定，这一方面提升了分类系统的主观性；另一方面也不利于区分开发类与保护类之间的分界，提高了综合集成的难度与不确定性。此外，指标体系中也没能很好地区分现有开发的密度与未来社会经济发展潜力，只是将开发强度作为区划实施的依据之一，与区域开发现状的互动性不足。

3.2.2 分类系统改进

对城市空间增长主体功能的识别实质是从城市空间增长适宜性的角度出发，构建未来城市空间增长的合理格局。因此，基于以上分析，本书对城市空间增长的判别因素和功能类别界定做如下改进。

（1）降低分类系统的不确定性

将环境承载力与发展潜力作为主体功能识别的两大判别因素。一方面，这两个因素可较好地体现城市空间增长适宜性的制约力和引导力，思路较三维因素复合更清晰、便于定量评估；另一方面，也大大降低了三维复合模型带来的结果不确定性。

（2）同时体现刚性与弹性

在对以上两大判别因素进行综合评价的基础上，将城市空间增长的适宜性分为"较适宜""基本适宜""较不适宜"和"不适宜"四类，在满足"开发"与"保护"两类功能的同时体现过渡和渐变类型。主体功能区类型的确定则建立在对城市空间增长适宜性进行评价的基础上，通过对资源环境承载力和社会经济发展基础的相对优势划分不同的适宜性类别及相应的主体功能类别。这样的分类思路既便于体现因素的刚性制约作用，又为一些发展方向暂不明确，不具备典型特征的区域留有弹性余地，更适合中小尺度的区域划分。各类主体功能区内涵作如下界定：重点开发区是指环境承载力与发展潜力均具备较明显优势而较适宜未来城市开发的区域；禁止开发区则指自然保护区等环境承载能力极低而不适宜城市开发的区域。由于优化开发和重点开发、限制开发之间存在交叠，且从调控要求来看，优化开发区的开发力度与内涵可归类为限制开发类型，本书在主体功能识别中剔除优化开发类型，将"基本适宜"与"较不适宜"均归并为限制开发区，将限制开发区的内涵定义为由于环境承载能力或发展潜力较低而不适宜未来城市开发的区域，进而通过环境承载力与发展潜力的不同组合划分限制开发的亚区，丰富限制开发区的内涵，明确过渡类型的性质与空间界限（见图 3－4）。

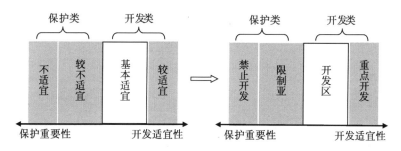

图 3－4　本书对城市空间增长的主体功能类别界定

（3）增强识别系统的动态性

用城市空间增长强度因素代替已有开发密度以体现区域开发的状况。城市空间增长的强度因素是指在一定间段内，城市用地的年均增长量与区域总面积的比例。由于现有开发密度较注重某一时间点静态指标的选取，而强度因素可以体现在一定时间段内城市空间增长的动态变化，有利于提升城市空间增长调控的连续性与反馈性。

3.2.3 综合调控思路

基于以上分析，对城市空间增长的调控思路可以总结为 3 个步骤（见图 3 - 5）。

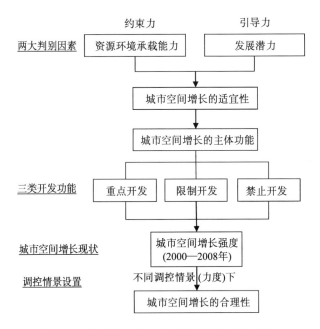

图 3 - 5 本书提出的主体功能识别与调控思路

第一步：城市空间增长适宜性评价。分别构建环境承载力与发展潜力的评价指标体系，对研究区域城市空间增长的约束力与引导进行分析。根据两大判别因素的综合评价结果，识别城市空间增长的适宜性等级。

第二步：主体功能识别。从各开发功能的定位来看，禁止开发的特征较为明显，主要由环境承载力所决定。重点开发与限制开发则主要由环境承载力与发展潜力的组合所决定，两者的判别标准具有一定的互斥性，即重点开发区域要求环境承载力与发展潜力均较高，若有一方面的条件未满足，则可划定为限制开发区域。因此，先通过适宜性等级识别出禁止开发、限制开发以及重点开发区域。由于限制开发区域内部尚存在区分度较为明显的不同组合，再进一步细分不同的限制开发亚区类型。

第三步：城市空间增长的合理性评价与重点调控区域识别。引入快速城市化阶段（2000—2008 年）期间城市空间增长的强度因素，与主体功能耦合，判别区域城市空间增长格局的合理性；在不同调控力度情景下，识别未来城市空间增长需要重点调控的区域，并针对不同的主体功能提出相应的空间管制对策。

3.3 方法框架

3.3.1 方法特征与技术流程

基于前文的分析思路，研究的相关方法涉及土地利用适宜性分析、地理空间区划以及情景分析法等，是多种方法的综合应用，具有以下主要特征。

（1）定量研究与定性研究相结合

土地利用适宜性分析及主体功能区识别是经济、社会与环境因素的综合评价与分析过程，不仅涉及定量的经济社会统计数据，而且需要考虑区域发展战略选择、评价因素的相对重要性等定性依据。此外，随着 3S 技术的融入，以定量的空间分析方法为基础，定性与定量相结合的综合方法日趋重要。

（2）识别路线自上而下与自下而上相结合

自下而上的方法是由最基本的空间分析单元开始，通过综合性的指标分析，逐步识别并归并到较高级别的适宜性或功能区类型，适用于多指标综合评价与决策的过程及中小尺度的区划研究（刘军会和傅小峰，2005）。自上而下的方法则是根据特定的识别规则，由最高级别分析单元开始，依次逐级向下识别出不同单元的适宜性或功能区类型，适用于较大尺度、有明确的引导或约束条件的区划分析。

基于主体功能的城市空间增长适宜性分析与功能区划具有明显的综合性，不仅需要反映区域社会经济与自然生态本身的空间分异特征，还要体现环境承载力以及空间开发取向的限制与制约因素，具有全局性、引导性和约束性的特点。因此，自上而下与自下而上相结合的方法较符合本书的研究目的。

（3）区划原则优先考虑环境承载力的短板作用

环境承载能力是城市空间发展的基础与先决条件，城市空间增长的适宜性分析与主体功能的识别应当将其作为优先考虑因素，体现环境承载力对于区域发展的短板作用。在评价指标的选取中也应贯彻这一原则，强调区域主要的环境问题与瓶颈；主体功能的识别过程应将环境承载力作为判别的主导因素。

基于以上原则，本书采用的技术路线可分为三大部分五个步骤。首先是对城市空间增长适宜性的分析（包括空间单元与评价因子的确定、指标体系的赋值与聚类、评价因子的归并与分级），其次是主体功能的判别过程（功能的识别与聚类分析），最后是基于情景设置的城市空间增长格局合理性分析与重点调控区域识别（情景设置与聚类分析）。主要的方法与技术流程如图3-6所示。

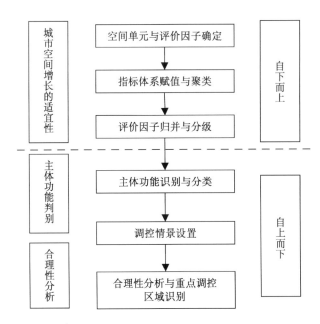

图3-6　城市空间增长调控的技术流程

3.3.2　空间尺度与单元

空间尺度与单元是区划中最基本的论题，适宜性分析与主体功能识别以及城市空间增长的调控均需依托一定的空间单元，其边界和规模的选择直接影响最终的研究结果。合理的空间单元应当与研究的目的、尺度、区域的空间特征相匹配（Mason，2001）。本书中，城市空间增长的空间调控涉及两种单元的选择，即评价单元和分析单元。

评价单元是指城市空间增长的适宜性、主体功能以及重点调控区域识别所依托的空间基础，其大小直接影响结果的精度与调控手段实施的可操作性。从类型来看，行政单元与网格单元是主体功能区划与城市用地适宜性分析使用最为广泛的两类分析单元（冯德显等，2008；王强等，2009；张明东和陆玉麒，2009；曹伟等，2011；陈焕珍，2013；林锦耀和黎夏；2014）。网格单元数据结构简单、具有统一的尺度，便于进行空间叠置分析与插值拟合，较多地使用在尺度较小的研究中（陆玉麒等，2007；金志丰等，2008）。以行政单位为基础的矢量多边形单元则在分析社会经济数据方面具备明显优势，能够提供较好的图形精度，但由于空间尺度的不统一而在叠置分析方面存在难度。从空间的尺度来看，评价单元的尺度越小（如网格单元与像素单元），研究结果的分辨率越高，但实施的难度也更高。基于本书研究的尺度介于市域与县域之间，属中小尺度，评价单元的选择应在数据可得性的基础上尽量选择较小的空间单元，如乡镇单元和网格、像素单元等。此外，本书研究以城市空间增长调控为主要目的，单一的行政单元较难完全体现城市空间增长的空间分宜特征与自然生态约束，影响主体功能的识别精度。因此，最终的评价单元尺度应介于乡镇单元和像素单元之间，适当打破行政单元的同时反映自然生态单元的界限。

本书中的分析单元主要是指，环境承载力、发展潜力以及城市空间增长强度三大主要判别因素的赋值单元。从类型来看，发展潜力中的社会经济指标、环境承载力中的自然生态指标可以基于多边形矢量单元直接赋值（如乡镇单元、河流、山体单元等）；但环境承载力中的自然生态指标、发展潜力与城市空间增长强度的空间指标，则往往需要通过网格分析与空间插值来获得。从空间的尺度来看，对具有区位特征和功能性的指标来说，分析单元的尺度应当小于评价单元；对以多边形质量单元为赋值单位的指标来说，分析单元的尺度可大于评价单元。此外，具有区位特征和功能性的空间指标存在明显的"尺度效应"，其特征和功能会随着空间尺度的不同而发生显著的变化，因此其分析单元的大小选取应当尽量避免与研究目的、区域问题以及时间维度"不匹配"（Mismatch）。

不同空间尺度和单元的指标通过以 GIS 平台为基础进行图层叠置与相交分析，使得不同尺度和规模的单元能够在统一的空间分析平台上进行数据运算。

3.3.3 空间增长的适宜性分析

土地适宜性分析（land suitability analysis）是根据一定的用地需求与开发偏好来确定未来最为适宜的土地利用格局的过程（FAO，1985；Collins et al.，2001；Malczewski，2004）。这一决策过程除考虑土地单元的自然属性外，也关注土地的社会—经济和环境特征。以 GIS 平台为辅助工具、结合图形叠置的多目标综合决策方法由于能够达成上述目的并且可以反映决策者对于不同用地需求的偏好和相对重要性而成为土地利用适宜性分析的有效手段，广泛应用于城市空间规划、农用地保护以及开发选址（Malczewski，2006；Vaidya and Kumar，2006；Taleai et al.，2007；Taleai and Mansourian，2008）。

从定量化的角度来看，多指标/目标综合评价方法是指将多个描述被评价事物不同方面且量纲不同的指标，转化为无量纲的相对评价值，并按照一定的规则，综合这些评价值得出对该事物总体的评价结果的方法。各指标组合的方法大致可以分为两类：一类是叠置评价法，即通过加权叠加将各因素的适宜性评价等级转化为综合评价结果并进行等级划分（Liu et al.，2006；陆玉麒等，2007；Cengiz and Akbulak，2009）；另一类是逻辑判别法，即根据各评价因素之间的不同组合，在一定的逻辑规则下合并出最终的适宜度（Marull et al.，2007；陈雯，2004；宗跃光等，2007）。叠置评价法在定量分析方面具有较明显的优势，但由于各因素之间仅存在数学叠加的关系，较适合各评价因素对最终的评价结果作用方向较一致的情况。逻辑判别法虽相较叠置评价法带有较强的主观性，但可以反映不同评价因素对最终评价结果的作用方向，判别过程的逻辑性与可解释性更好，较适合体现环境承载力在适宜性分析中的短板作用。

综合以上分析，因环境承载力与发展潜力对城市空间增长的适宜性分别具有约束与引导作用，两者的作用方向不同，故宜采用逻辑判别法对两大因素的评价结果进行组合与归并。此外，环境承载力的指标空间单元较为多元，赋值方法也不完全统一，各评价指标之间的关系也并非简单的定量叠加，因此较不适宜叠置评价方法，各评价因子最终的判别采用逻辑组合的方式来体现不同指标的相对重要性。发展潜力的各指标量化程度较高，各评价指标的空间单元一致，较适合采取地图叠置的方法。因此，发展潜力的评价方法采用层次分析法赋权，最终的评价结果通过加权求和获得。

3.3.4 主体功能识别

本书中主体功能识别主要是在城市空间增长适宜性分析的基础上，基于环境承载力与发展潜力的不同组合，确定各评价单元城市空间增长的主体功能类型属性，并进而引入城市空间增长的强度指数，形成城市空间增长调控方案的过程。这一过程是"自上而下"的逻辑组合判别过程，常用的识别方法主要有序列聚类法、标准定位法、组合评价以及主导因素法等（见表3－1）（刘传明，2008）。

表3－1　　　　　　　　　　常用主体功能识别方法比较

方法	主要程序	优点	缺点	适用性
序列聚类	首先求得各评价单元的综合指数，对形成的指数序列进行聚类	较强客观性	综合评价指数在不同类别上具有序列效应，不能处理短板作用	综合评价指数在不同类别之间具有较高的区分度
标准定位	对各类别设定边界标准值来确定分类归属	标准明确	较难确定边界标准值	不同类别在判别因素上具有明显的区分度，涉及因素较少
组合评价	对各判别因素的不同组合进行定性评价来确定分类归属，如魔方图法和矩阵分类法	定量定性相结合，宜处理短板作用	定性评价带有一定的主观性	判别因素在各类别间区分度不明显，影响因素相对复杂的分类
主导因素	按照各类别的主要影响因素定性或定量确定评价单元类别	定量定性相结合，宜处理短板作用	类型划分较粗略，主导因素选择较主观	主导因素较为明确的分类

由于序列聚类法与标准定位法要求各评价单元在不同类别之间具有较高的区分度，且不能处理环境承载力的短板作用，较不适宜本书研究要求的"自上而下"的识别方法。因此，宜采用组合评价法与主导因素法相结合的技术路线。

主体功能的识别重点是在适宜性的基础上，重点识别出禁止开发区以及各类限制开发亚区的类别。其中，禁止开发的主导因素较为明显，主要由环境承载力所决定；由于限制开发区域内部尚存在区分度较为明显的不同组合，根据主导因素以及组合判别法进一步细分不同的限制开发类型。重点调控区域的识别则是基于一定情景下城市空间增长强度的等级设置标准，具有明确的分类界限，较适宜采用标准定位法。

此外，由于评价单元与分析单元尺度不一致，各主体功能分区的界限存在一定程度的突变，影响分析结果的精确度与可操作性。因此，需要在空间叠置与逻辑分析的基础上进行适当的聚类与修饰。本书通过 Arcgis 的 Eliminate 模块对最终的专题图进行多步骤分类修正，在识别突变区域的基础上，使最终的分区图斑块面积统一在 5 平方千米以上。

快速城市化阶段城市
空间增长的格局

4.1 方法与数据

4.1.1 城市空间增长的测度

(1) 城市空间增长的定义

城市空间增长宏观上体现在城市规模增长、功能变化和城市所在区域的城镇体系变化三个层面（Clark，2982；Forman，1995；Geymen and Baz，2008；雒占福，2009；张沛等，2011），在微观上则表现为各类非建设用地（如耕地、林地、滩涂、荒地等）转化为城市建设用地的过程（Angel et al.，2005；Liu et al，2005；李琳，2008）。因此，对城市空间增长进行定量分析，就是对以城市建设用地为主要关注内容的土地利用变化的分析过程。

由于研究角度和统计口径不同，对城市建设用地的内容存在多种界定。从城市规划的角度，城市建设用地是指除水域和其他用地以外的城市用地，包括居住用地、公共设施用地、工业用地、仓储用地、对外交通用地、道路广场用地、市政公共设施用地、绿化用地和特殊用地。我国《土地利用现状分类》（GB/T 21010 - 2007）中将土地系统分为三大类，即农业用地、建设用地与未利用地，其中城市建设用地包括城市、建制镇及农村的居民点与工矿用地，仓储、商服、学校用地，以及采矿用地、风景名胜和特殊用地等。本书研究的出发点以调控"城市空间增长"为目的，主要关注由于快速城市化阶段以城市化、工业化开发为目的的建设用地在空间上的迅速扩展。因此，从区域整体的角度，本研究将城市建设用地的内容界定为研究区域整体范围内除水域和未利用地以外的所有建设用地。在此基础上，将城市建设用地分为两大关注对象：一是城乡建设用地，指除大型工业园区和开发区外的、城镇与农村用地生活居住的各类房屋用地及其附属设施用地和小型工矿用地；二是大型工业园区用地，主要包括市级以上工业园区和开发区内的工业生产及附属设施用地。

(2) 城市空间增长的强度指数

为衡量快速城市化阶段（2000—2008 年），研究区域内城市空间增长的形态特征和空间格局，本书采用城市空间增长的强度指数 UII（Urbanzation Intensity Index）来分析和描述城市建设用地的扩展状态和趋势。

城市空间增长强度指数或城市扩展（扩张）强度指数是用分析单元的面积对城市建设用地的年均增长速度进行标准化处理。该指数实质是在一定时段内城市建设用地的相对变化率，可以较好地反映城市空间增长速度的时空差异性（刘盛和等，2000；李晓文等，2003；周锐等，2011）。

本书利用城市空间增长强度指数分别衡量在研究时段内城乡建设用地、工业园区用地的增长强度，公式可表达为：

$$UII_{i,t-t+n} = \left[\frac{ULA_{i,t+n} - ULA_{i,t}}{n} \right] \times \frac{100}{TLA_i}$$

其中，$UII_{i,t-t+n}$ 为空间单元 i 在 t 到 $t+n$ 时段内的城市空间增长强度指数；$ULA_{i,t}$ 与 $ULA_{i,t+n}$ 是空间单元 i 在 t 与 $t+n$ 年时的某类建设用地面积；TLA_i 是指空间分析单元 i 的总面积。

4.1.2 土地利用信息提取

（1）遥感数据来源与预处理

本书选用 2000 年 2 月 21 日以及 2008 年 2 月 19 日 Landsat TM 遥感数据（空间分辨率为 30 米）作为基础信息源。数据处理过程中使用到的辅助数据包括：2008 年连云港市行政区数字化图，包括市、区、县、镇的行政界线，地名点，主要道路等图层；2008 年连云港公路网图及铁路覆盖图，连云港市 2000—2008 年统计年鉴以及各行政区社会经济统计数据等。书中采用 ARCGIS 地理信息系统（9.0）作为工作平台，通过土地利用现状图、地形图等数据提取以及交通路网规划图等的数字化，结合统计年鉴等资料进行归类与链接处理，得到本书研究的基础数据。

两期图像分别利用 ERSAS 软件进行几何校正，选取 WGS84 UTM zone 50 北半球坐标系进行投影。根据 1:50000 地形图，在原始影像图中选择 30 个控制点，包括道路交叉点、河流交叉或拐点等有明显特征的地标物，采用二次多项式函数转化进行图像的几何位置校正，每期图像的均方根误差均满足小于 0.5 个像元的要求。

（2）分类体系

遥感图像分类体系划分是遥感图像分类的重要依据和基础，需充分考虑遥感影像实际可解能力和研究区域内土地利用/覆被特征以及研究需求。

本书主要依据全国遥感监测土地利用/覆被分类体系，结合遥感影像解译能力、研究区域土地的利用方式和覆被特征等因素，将土地利用分类体系调整为水田、旱地、城乡建设用地、工业园区用地、地表水体、滩涂、湿地、山体、海域等9类（见表4-1）。

表4-1   本书采用的土地利用分类体系

土地利用类别	特征描述
水田	有水源保证和灌溉设施，在一般年景能正常灌溉，用以种植水稻，莲藕等水生农作物的耕地，包括实行水稻和旱地作物轮种的耕地
旱地	无灌溉水源及设施，靠天然降水生长作物的耕地；有水源及浇灌设施，在一般年景下能正常灌溉的旱作物耕地；以种菜为主的耕地，正常轮作的休闲地和轮歇地
城乡建设用地	城镇与农村用地生活居住的各类房屋用地及其附属设施用地，包括普通住宅、公寓、别墅、商业设施、道路等交通设施用地等
工业园区用地	本书主要为市级以上工业集中区及开发区的工业生产及附属设施用地
地表水体	其他陆域水体，包括河流、湖泊、水库、坑塘等陆域水面
滩涂	沿海大潮高潮位与低潮位之间的潮侵地带
湿地	主要指区域内沿海盐碱湿地
山体	包括裸露山体、有林山体与疏林山体等
海域	包括入海口及近海岸海水水面

（3）分类方法

本书重点分析从2000年到2008年研究区域内城市空间增长的过程，假设期间区域内只存在非建设用地向建设用地的正向转换过程，先进行2008年的土地利用分类，再在此基础上进行2000年土地利用分类。

本书选用多步骤专家分类法对2000年及2008年遥感影像进行土地利用分类。专家分类是一种基于规则的对多波段图像进行分类、分类后处理及GIS建模的分析方法。它以可用的空间信息，例如自定义变量、遥感影像、矢量图层、空间模型等其他数据为基础，通过对这些信息建立相应的运算规则或者条件语句，来说明各个变量的特征与属性，从而建立各个用地类别的分类决策树（Kahya et al.，2010）。本书涉及的空间信息变量包括数字高程模型（DEM）、矢量图层（如盐田湿地范围、海岸线等）以及其他分析指数（如归一化植被指数（NDVI））等。这些参数均导入 ERDAS 的知识工程师（Classifier – Knowledge Engineer）中，通过建立相应的分类规则和语句来建立分类模版。

经过多次分类实验，本书选取 60 个训练点，首先获取光谱特征、NDVI以及 DEM 等各个参数对应的分析阈值，从而识别水体、农田、旱地、建设用地以及山体；然后，在此基础上通过设定地理位置限制条件来识别工业园区用地、滩涂、盐田湿地以及海水。

2008 年土地利用分类的技术路线如下：

A. 区分水体与非水体。分别在水体和非水体中取采样点，进行 TM 中的第 1 到第 7 波段的光谱特征分析。发现可明确区别水体和非水体的为第 5 波段，域值选 55，即 TM5 > 55 的为非水体，0 < TM5 ≤ 55（0 为背景值）的为水体。

B. 在水体中区分绿地与非绿地。对图像进行指数计算（Interpreter – Spectral Enhancement – Indices），提取 NDVI 指数，与 TM 图像进行波段组合，在非水体中分别取绿地和非绿地样点，进行光谱分析，发现 NDVI 可以较好地区别绿地和非绿地，域值选 136，NDVI ≥ 136 为绿地，NDVI < 136 为非绿地。

C. 在非绿地中区分旱地和建设用地。分别在旱地和建设用地取样点进行 TM 第 1 到第 7 波段光谱特征分析，任意一个波段都无法很好地区分旱地和建设用地。因此，对采样点变量进行 stepwise 回归分析（其中采样点为建设用地的变量取值为 1，旱地取值为 0）。得到回归方程：$Y = -1.065 - 0.01676TM1 + 0.03624TM6 - 0.01360TM3 - 0.03744TM7 + 0.02733T$，在 erdas model maker 中求得该回归指数 Y。将 Y 与 TM 图像进行波段组合及光谱分析，最终确定回归指数 Y 的阈值取 0.65，回归指数 Y ≥ 0.65 的为建设用地，回归指数 Y < 0.65 的为旱地。

D. 提取山体。在前面的分类过程中，在水体、水田以及旱地中都混杂有山体未能分类，用 DEM（Digital Elevation Model）数据进行划分。经采样点分析，山体 DEM > 15，在水体、水田和旱地的划分方案中添加条件，将其中满足 DEM > 15 的部分识别为山体阴面、有林山体和疏林地或裸露山体，并将其归并为山体一类。

E. 增加盐田一类。根据现场调查确定盐田所处大致位置，然后在 arcmap

中矢量化所有盐田的外边界,其中该矢量图中所有盐田矢量化斑块均有属性值 id = 0,然后把该矢量化图变成栅格图,最后用 erdas modeler 中的 conditional - either 命令使得处于该盐田矢量化边界中的所有水域都变成盐田一类(见图 4 - 1)。

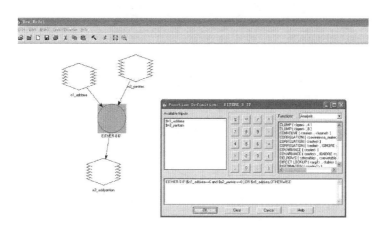

图 4 - 1 增加盐田一类所用 modeler 命令

F. 工业园区用地提取。在原始影像进行波段组合显示时,会发现部分城市建设用地(图 4 - 2 所示)周围或里面掺杂有不同颜色像元的工业用地,矢量化这些掺杂有不同颜色的建设用地斑块,并对照第 2 章中有关工业园区的地理位置信息,确定其工业园区名称,将矢量化图转成栅格图,通过 erdas 的 modeler maker 完成工业用地提取。

 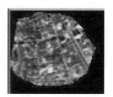

(a)工业用地　　　　　　　(b)建设用地

图 4 - 2 工业用地和其他建设用地影响特征区别

G. 滩涂识别。在原始影像图中用种子 AOI 工具选择滩涂，叠加到分类图中，用 fill area 工具把 AOI 的区域全部赋值为滩涂一类。

H. 提取海水一类。在原始影像图中用 AOI 种子选择工具选择海水水域；在 erdas 中用 conditional – either 命令增加海水一类后把 aoi 叠加到分类图上，用 fill area 工具把 AOI 的区域全部赋值为海水一类。

分类模版建立完毕后，使用知识分类器（Classifier – Knowledge Classifer）进行分类运算操作。

2000 年土地利用分类的技术路线如下：

A. 提取山体。利用 DEM（Digital Elevation Model）数据进行山体划分。经采样点分析，山体的 DEM > 15，将所有像元点中满足 DEM > 15 的部分划分为山体。

B. 区分水体与非水体。分别在水体和非水体中取采样点，进行 TM 中的第 1 到第 7 波段的光谱特征分析，得出能很好区别水体和非水体的是第 5 波段，域值选 30，即 TM5 > 30 的为非水体，0 < TM5 ≤ 30 的为水体。

C. 在非水体中区分绿地与非绿地。提取 NDVI 指数，与 TM 图像进行波段组合。在非水体中分别取绿地和非绿地样点，进行光谱分析得出，NDVI 域值选 170，NDVI ≥ 170 为绿地，NDVI < 170 为非绿地。

D. 在非绿地中区分旱地和建设用地。分别在旱地和建设用地取采样点，进行 TM 第 1 到第 7 波段光谱特征分析，任意一个波段都无法区分旱地和建设用地。因此，对采样点变量进行 stepwise 回归分析（其中采样点为建设用地的变量取值为 1，旱地取值为 0）。得到回归方程为：$Y = -0.359 + 0.098TM1 - 0.055TM3 - 0.036TM7 + 0.014TM8$，在 erdas model maker 中求得该回归指数 Y。将 Y 与 TM 图像进行波段组合及光谱分析，最终确定回归指数 Y 的阈值取 0.5，回归指数 $Y \geq 0.5$ 的为建设用地，回归指数 $Y < 0.5$ 的为旱地。

E. 增加盐田湿地、滩涂、工业用地、海水类别。提取方法同 2008 年。

（4）分类后处理

A. 聚类分析。本书应用 ERDAS 完成聚类统计、去除分析与掩膜完成小图斑的处理。利用 Clump 命令进行聚类统计，通过对分类专题图图像计算每个分类斑块的面积、记录相邻区域中最大斑块图斑面积的分类值等操作，产生一个 Clump 类中间文件，用于下一步处理，聚类统计邻域大小设置为 8。利用 Eliminate 命令对 Clump 之间的文件进行处理，使分类图像简化。设定最小图斑大小为 10 个像元，即在输出图像时，将面积小于 10 个像元的图斑合并到相邻的最大类别中。

　　B. 分类结果精度评价。对 2000 年、2008 年土地利用分类结果采取随机抽样采样法进行分类精度评价。针对各类土地利用类型，随机选取 50 个采样点，通过与相应年份的彩色航拍图进行对比来完成精度验证。误差矩阵分析结果显示，2004 年与 2008 年的总体分类精度分别为 89.7% 与 94.2%，图像分类精度较高。其中，2000 年旱地与建设用地分类精度较差，是因为图像时间在冬季，作物少，致使旱地和建设用地光谱特征相近，所以存在混淆分类或者错分现象。

　　2000 年及 2008 年研究区域土地利用分类图见图 4 – 3 和图 4 – 4。

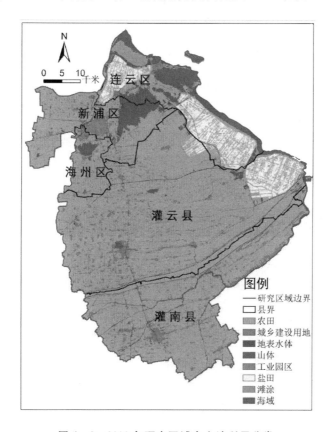

图 4 – 3　2000 年研究区域内土地利用分类

注：水田与旱地合并显示为农田。

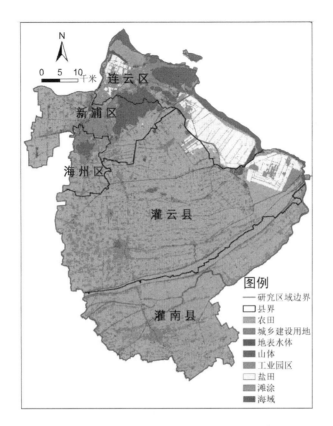

图4-4 2008年研究区域内土地利用分类

注：水田与旱地合并显示为农田。

4.2 城市空间增长的时间特征

4.2.1 土地利用变化的时间特征

基于2000年、2008年TM遥感影像，获得两期城市土地利用信息，利用GIS统计分析功能得到同期城市土地利用类型变化数据（见表4-2和表4-3）。在此基础上对研究区域内2000—2008年的城市土地利用类型时空演变情况进行分析，探讨这一研究时段的土地利用变化过程和趋势。

表 4-2   研究区域内土地利用类型面积及比例（2000—2008 年）

土地利用类型	2000 年		2008 年	
	面积（平方千米）	比例（%）	面积（平方千米）	比例（%）
水田	775.87	19.36	1 903.75	47.51
旱地	2 130.33	53.17	696.05	17.37
山体	175.72	4.39	168.29	4.20
城乡建设用地	341.40	8.51	702.17	17.52
工业园区	2.57	0.06	82.63	2.06
水体	170.43	4.24	153.67	3.84
滩涂	46.94	1.17	46.97	1.17
盐田	364.69	9.10	254.42	6.33

表 4-3   研究区域内主要用地类型面积变化统计（2000—2008 年）

土地利用类型	变化量（平方千米）	变化速度（%）	年变化率（%）
农田（水田＋旱地）	-306.4	-10.543	-1.32
城乡建设用地	360.86	105.73	13.22
工业园区	80.06	3115.18	389.40
水体	-16.76	-9.83	-1.23
滩涂	0.03	0.064	0.01
盐田	-110.27	-30.24	-3.78

注：考虑到季节差异性，水田与旱地归并为一类农田进行分析。

由表 4-2 可见，研究区域内 2000 年到 2008 年土地利用类型变化以工业园区、城乡建设用地的大幅增加，以及盐田、农田面积的显著减少为主要特征。土地利用变化量大小依次为城乡建设用地、农田、盐田、工业园区、水体和滩涂。从年均增长率来看，工业园区、城乡建设用地面积增加最快，工业园区用地在 8 年间迅速增加到 2000 年的 32 倍以上，城乡建设用地面积则增加了一倍。表明研究区域城市化与工业化发展速度较快，城市空间增长的幅度较大。

4.2.2   城市空间增长的时间特征

将 2000 年与 2008 年研究区域内城市建设用地（包括城乡建设用地与工业园区）按照时间顺序进行空间叠置分析，得到该时段内城市空间增长的变化情况（见图 4-5）。

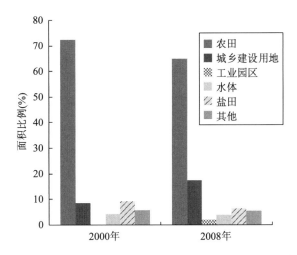

图 4 - 5　2000 年、2008 年研究区域内各类用地类型面积比例变化示意

从表 4 - 4 可以看出，2000 年到 2008 年，研究区域内城市建设用地面积增加了 440.83 平方千米，增长至 2000 年的 2.28 倍，年均增长 55.10 平方千米。城乡建设用地面积增加至 2000 年的 2.06 倍，同一时期工业园区用地面积则快速增长至 2000 年的 32 倍以上。新增加的建设用地主要位于城市中心区周边以及连云区的近海盐田湿地区域。

表 4 - 4　　　　　研究区域内建设用地面积与城市化率对比变化

年份	城市建设用地 （平方千米）	城乡建设用地 （平方千米）	工业园区 （平方千米）	城市化率 （％）
2000	343.98	341.40	2.57	23.51
2008	784.81	702.17	82.63	42.00

4.3　城市空间增长的空间特征分析

4.3.1　城市空间增长强度分析

利用 4.1.1 中城市空间增长的强度指数 UII 来分析和描述城市建设用地的扩展状态和趋势，分别得到城乡建设用地增长强度指数（UIIb）、工业园区用地增长强度指数（UIIi）和城市建设用地强度指数（UIItb）。

采用网格采样法来定量提取研究区域城市空间增长强度的格局特征。网格采样法是在研究区域内进行网格化系统采样，每个网格作为反映城市空间增长空间特征的基本分析单元，以体现城市空间增长的细节信息。为使空间分析单元既体现研究区域特征，又具备足够分辨率，以反映城市化特征的局部细节及其差异，研究中采用了覆盖全区的 1 000 米×1 000 米网络，共包含4 213 个网格（空间分析单元），每一网格则由 1 600 个栅格构成（大小为 25米×25 米）。本书主要为考察城市空间增长的格局，因此针对一些网格可能出现的"逆城市化"现象（出现城市建设用地面积负增长现象），认为该网格的 UII 值为零。

在得到研究区域各 UII 指数的基础上，用 natural break 方法将各网格 UII值进行空间聚类，最终将研究区域内城市空间增长强度指数分为 5 个等级：急速（5）、快速（4）、中速（3）、低速（2）、缓慢或无增长（1）（包括逆城市化区域）。为提高 UII 分析的空间分辨率，在得到采样网格结果的基础上，选用 kriging 插值法对整个研究区域的 UII 进行空间插值，从而得到相对连续的 UII 空间分布情况（见图 4 – 6—图 4 – 8）。

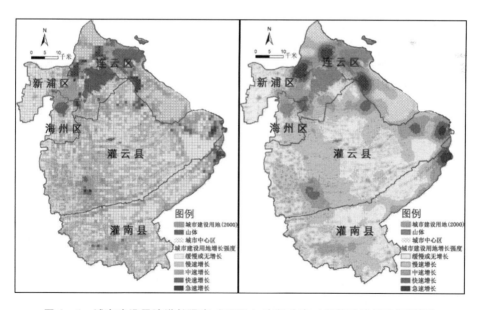

图 4 – 6　城市建设用地增长强度（UIItb）空间分布（网格采样及空间插值）

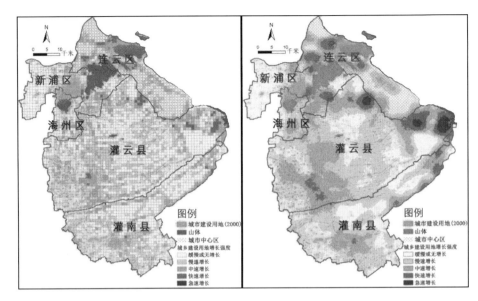

图 4 - 7 城乡建设用地增长强度（UIIb）空间分布（网格采样及空间插值）

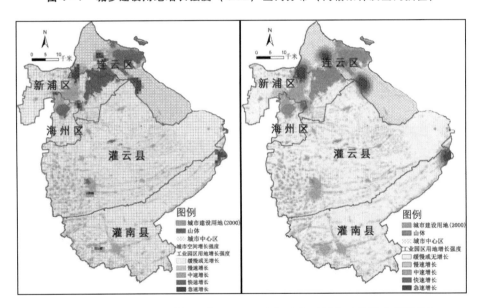

图 4 - 8 工业园区用地增长强度（UIIi）空间分布（网格采样及空间插值）

　　UII 分析结果表明，2000 年到 2008 年间研究区域城市建设用地在较大范围内存在快速增长的情况。在不同的空间位置（城区和、县域），城市空间增长的特征呈现明显的空间差异。

　　在城区范围内，城市空间增长的方式可归纳为两类。第一类是城乡建设用地在城市建成区外围、近郊区的增长，主要的增长核心位于新浦区东南部城市边缘区和连云区北部海湾地区。第二类是"工业园区"与"开发区"爆炸式的增长，是指新浦区北部、连云区云台山周边区域的大型工业园区开发。总体来看城区范围内城市空间增长以城市中心区边缘地带的高强度增长为主要特征；城市空间的增长核心较为集中分布在连云区和新浦区与连云区交界区域。虽然新浦区是连云港的城市中心区域所在地，但自2005年连云港市政府提出东部港湾开发战略之后，城市空间增长的中心明显向东部连云区偏移，该地区承接了大量的工业及港口开发项目。分析结果表明，在城区范围内，空间增长的强度分布与区域发展政策及规划的驱动紧密相关。

县域范围内的城市空间增长模式一定程度上体现出与城区类似的特征，如较高强度的空间增长地区主要位于中心城镇周边；东部沿海地区的工业园区用地也呈现急速增加的趋势。但是，当城区的城市空间增长以相对集中的、高强度的扩张形式为主时，县域内还存在明显的低强度、蔓延式的城乡建设用地增长现象，反映出县域土地利用的效率仍相对低下。这些建设用地主要围绕灌云县和灌南县中心城镇以及主要交通干线两侧分散式分布。此外，县域工业园区的发展对建设用地的蔓延也存在着明显的驱动和引导作用，如灌云县北部与板桥工业园邻近区域、东部沿海连云港化学产业园区周边区域，均存在明显的较大范围的城乡建设用地增长现象。

对城市空间增长的规模进行分析（如表4-4所示），在快速城市化时期（2000年、2008年），城市建设用地面积增长速度大于城市人口增长率，表明区域城市空间增长存在"膨胀式"的发展特征。

对城市空间增长的模式进行分析表明，与传统意义上的"城市蔓延"相比，研究区域内城市空间增长的中心并不局限于城区或城市边缘区，周边县域、乡镇也存在明显的城市空间快速增长的情况。在城市化和工业化快速发展的驱动下，研究区域城市空间增长的特征有别于单一的"蔓延式"扩展，呈现高强度边缘区增长和低强度城镇蔓延并存的趋势。

有学者认为，中国大城市出现的城市边缘区快速、高密度空间增长是中心城市溢出（spillover）效应的结果（诸大建和刘冬华，2006；Wei and Zhao，2009；马蓓蓓，2012）。鉴于研究区域尺度较小，本书认为，"城市溢出"是指在现有城区或者县域内中心城镇边缘区较高强度的城乡建设用地扩展以及与中心城区毗邻的大型工业园区。低密度式的"城镇蔓延"则指在县域内相对低强度的、蔓延式建设用地增长以及远离城镇中心区，不连续的工业园区开发。从驱动因素的角度，研究区域内"城市溢出"主要是在区域发展战略影响下，在连云区东部沿海地区的高密度工业化和城市化开发；"城镇蔓延"则是在县域经济快速发展的推动下，分散式的工业园区开发及伴随的乡镇建设用地扩张。城市空间的快速增长使得大量农田及盐田湿地转化或者规划为建设用地，配套设施的滞后、不完善也为区域的土地利用结构和生态系统带来了巨大的压力。

4.3.2 城市空间增长的结构

城市空间增长的圈层多级结构是城市化发展过程在空间上的体现，反映了土地资源、经济发展、交通条件及土地开发效应的空间差异，也影响着未来城市空间增长的趋势。城市建设用地面积及密度是最能直观体现城市化发展水平在空间地域上差异的参数，因此本书采用城市建设用地面积和密度的空间统计曲线来识别城市空间增长的空间结构。

为实现这一目标，以图像左上角为起始点编写扫描算法对研究区域内部每行和每列的各类建设用地像元数与占总像元比例进行统计，最终的统计结果以曲线图展示（见图 4 – 9—图 4 – 11）。

东西方向曲线图的 x 轴代表某列与扫描起点（图像左上角）的垂直距离；y 轴代表该列某类建设用地的像元个数，或建设用地像元个数占某列总像元个数的比例，来表征该列某类建设用地的密集程度。

南北方向曲线图的 x 轴代表某行与扫描起点（图像左上角）的垂直距离；y 轴代表该行某类建设用地的像元个数，或建设用地像元个数占某行总像元个数的比例，来表征该行某类建设用地的密集程度。

将 2000 年与 2008 年各参数的曲线图与研究区域建设用地分布图相对应，得出研究区域城市空间增长的空间特征以及增长中心的演变。

（1）城市空间增长的空间结构由单中心向多中心演变的趋势明显

对城市建设用地像元个数曲线图的峰值进行分析，2000 年城市建设用地面积较大的区域仅集中分布于新浦区以及灌云县、灌南县政府所在城镇。结合 2000 年城市建设用地比例，在东西方向上，两个县域内中心城镇建设用地密度虽然处于相对峰值，但是远小于中心城区（新浦区）的建设用地密度。分析结果表明，2000 年中心城区在城市化发展中占据较明显的主导地位。

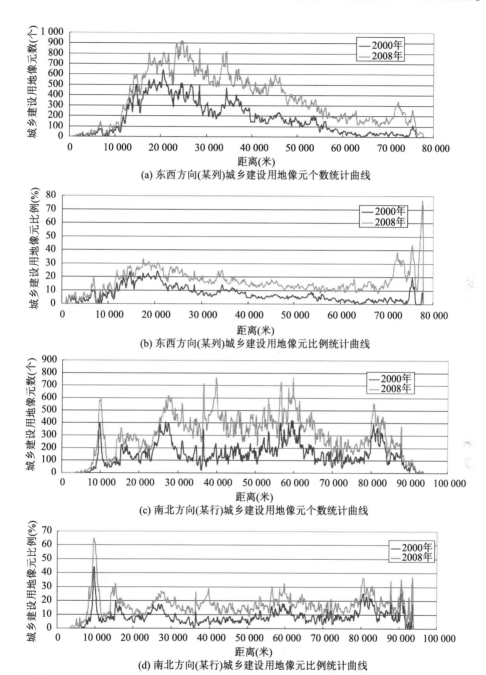

(a) 东西方向(某列)城乡建设用地像元个数统计曲线

(b) 东西方向(某列)城乡建设用地像元比例统计曲线

(c) 南北方向(某行)城乡建设用地像元个数统计曲线

(d) 南北方向(某行)城乡建设用地像元比例统计曲线

图 4-9 城乡建设用地空间分布统计曲线

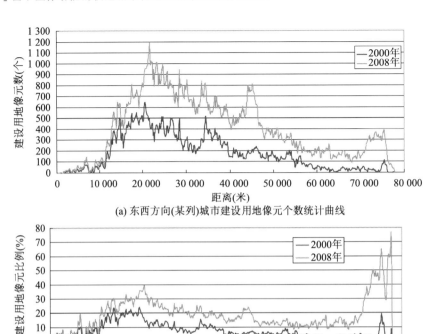

(a) 东西方向(某列)城市建设用地像元个数统计曲线

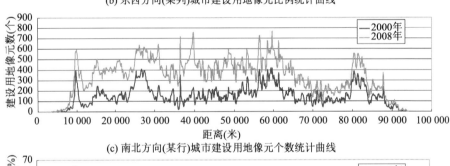

(b) 东西方向(某列)城市建设用地像元比例统计曲线

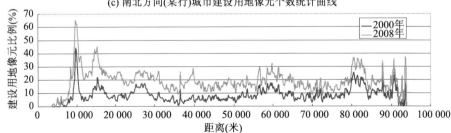

(c) 南北方向(某行)城市建设用地像元个数统计曲线

(d) 南北方向(某行)城市建设用地像元比例统计曲线

图 4-10　城市建设用地空间分布统计曲线

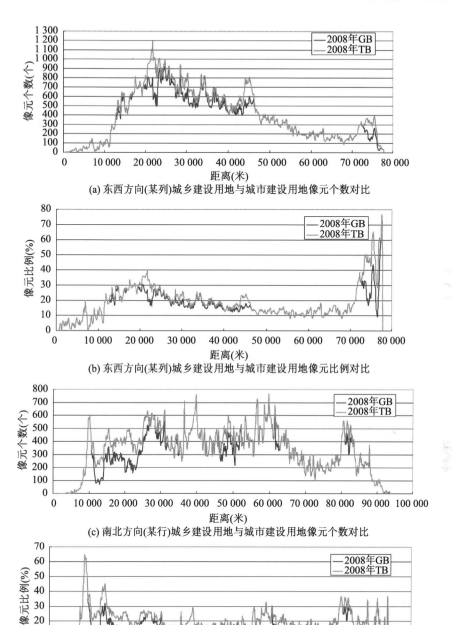

(a) 东西方向(某列)城乡建设用地与城市建设用地像元个数对比

(b) 东西方向(某列)城乡建设用地与城市建设用地像元比例对比

(c) 南北方向(某行)城乡建设用地与城市建设用地像元个数对比

(d) 南北方向(某行)城乡建设用地与城市建设用地像元比例对比

图 4-11 2008 年城乡建设用地（GB）与城市建设用地（TB）对比曲线

到 2008 年，城市建设用地密度的相对峰值除上述地区外，出现了以连云区与新浦区接壤区域以及连云区东部沿海地区为主的明显峰值。相对 2000 年城市空间增长的中心区域（新浦区及灌云、灌南中心城镇），该区域的建设用地面积增速较快，表明该区域是研究时段内城市空间增长的集中活跃地带。随着城市中心区域不断向外扩张，城市空间增长的重心发生转移，城市中心区的绝对优势逐步缩小，工业园区相对集中的东部沿海地区逐渐成为建设用地增长的新兴主导。

（2）工业园区用地的激增成为城市空间增长的主要驱动因素

对城乡建设用地和城市建设用地分布曲线进行对比，2000 年两者的曲线图峰谷走势基本吻合，表明城市空间增长中城乡建设用地居主导地位。

将 2008 年城乡建设用地与城市建设用地的空间分布曲线图进行对比，工业园区较为密集的区域（连云区与新浦区接壤区域、连云区与灌云县东部沿海地区），城市建设用地相对城乡建设用地，面积和比例均有明显提升。分析结果表明，上述区域内工业园区的开发强度明显高于城乡建设用地的开发强度。此外，在工业园区快速发展的周边区域，2008 年城乡建设用地面积也处于相对峰值，进一步说明快速城市化阶段工业园区的发展是区域城市空间增长的重要驱动因素，且将继续影响未来城市空间增长的方向和强度。

（3）农村地区建设用地膨胀是这一时期城市空间增长的另一重要特征

对建设用地像元比例分布图进行分析，2000 年城市空间增长的中心区域与非中心地区的建设用地密度分界较明显，可认为 10% 是区分城市与农村的分界线；而到 2008 年，两个县域范围内农村区域的城乡建设用地密度都超过了 10%，还有部分区域超过了 20%。分析结果表明，城市化快速发展的 8 年内，县域各乡镇的建设用地规模也在同步不断扩大。但是，由于县域面积较大，且城市建设用地比例的波动区间较小，不存在明显的相对峰值，其建设用地开发呈低密度膨胀的发展趋势。

从社会经济驱动因素的角度进行分析，近年来随着城市化进程的加快，东部港湾地区开发战略和沿海开发战略的实施使得城市空间增长的速度明显加快。由于城市建成区域土地成本较高、发展空间受限，灌南县与灌云县便成为承接快速城市化发展的主要区域，城市空间增长的影响范围深入农村地区。由于外来人口的增加以及村庄规模扩大，县域农村地区出现了明显的建设用地蔓延现象。此外，近年来不断进行的撤村并镇、撤县改区以缓解用地矛盾的措施也是造成村庄规模不断扩大的原因之一。

从图像处理分析的角度，形成农村地区建设用地面积大范围内匀速增加的原因可能是，2000 年村庄规模比较小，一些零散分布的建设用地图斑在分类后处理聚类过程中被归并为非建设用地。到了 2008 年，很多村庄规模发生了显著变化，超过了聚类处理设定的阈值，导致建设用地像元面积的显著增加。

4.4 小结与讨论

2000 年到 2008 年，随着城市化和工业化进程的加快，研究区域内建设用地持续快速增长，面积共增加 440.92 平方千米，占研究区域总面积的10.88%。这说明在研究时段，区域内存在明显的城市空间增长现象。自 2000年以来，工业园区用地经历了快速增长的过程，8 年间其用地面积比重增加了近 30 倍，总面积达到 82.63 平方千米。

由于经济发展水平、交通条件、政策导向等因素的差异，城市空间增长存在明显的区域分异。城区的建设用地增长以现有城市中心区边缘地带的高强度增长为主，并明显地受到区域发展政策及规划的驱动。城区的建设用地增长以高强度、小范围的扩张形式为主的同时，县域建设用地仍然存在着低强度、蔓延式的增长现象。总体来看，研究区域内城市空间增长的模式并非传统意义上单一的"蔓延式"扩展，而是在城市化和工业化快速发展的驱动下，高强度"城市溢出"和低强度"城镇蔓延"并存。这一研究结果表明，在研究时段内区域的城市化和城市空间增长进程是不均匀的。

从城市空间增长的圈层结构来看，快速城市化阶段建设用地快速增长的重心发生转移。城市中心区和县域中心城镇的绝对优势逐步减小，工业园区相对集中的东部沿海地区逐渐成为城市空间增长的新兴主导。研究时段内工业园区的发展是区域城市空间增长的重要驱动因素，且将继续影响未来城市空间增长的模式。城市空间快速增长以大量消耗农田及盐田湿地为代价，配套设施的滞后、不完善为区域的土地利用结构和生态系统带来巨大压力。随着工业化和城镇化进程的加快，迫切需要对城市空间增长进行引导和管制，从而合理调控未来城市空间增长的强度和方向。

　　针对快速城市化阶段城市空间增长的时空特征，本节综合考虑了城乡建设用地和工业园区用地的增长强度和圈层结构，可以全面地分析和比较不同空间区位上城市空间增长的分异特征和驱动因素。但是，关于城市化和城市空间增长之间的关系，还有待进一步的定量分析，以更深入理解城市空间增长结构的驱动机制。

城市空间增长的环境承载能力评价

5.1 评价方法

5.1.1 指标选取

环境承载力最初来源于力学中对于承载力的定义，即物体在不产生破坏条件下的最大承载能力。随着全球性环境问题的暴发，建立在环境自净能力和环境容量基础之上的环境承载力概念，其内涵和外延也不断得到发展。然而，由于环境系统的复杂性以及环境问题影响因素的多样性，关于环境承载力，目前尚未有统一的定义。从现有研究来看，环境承载力的概念主要从"容量""阈值"或者"能力"三个角度来定义。有学者认为环境承载力是"在不超过生态系统弹性条件下环境系统所能接受的污染物排放量以及经济发展、人口规模"（高吉喜，2001）；或者是在某一特定时段和空间区域内，在环境系统功能与结构不受影响的条件下，环境系统对人类活动承载能力的阈值（唐剑武等，1997；郭秀锐等，2000）；也有学者从"能力"的角度将环境承载力定义为"在维持自然生态环境不受危害并维系良好环境功能的前提下，特定区域在一定时段内所能承载的人类社会经济活动的能力"（Schneider，1978；Arrow et al.，1995；彭再德等，1996）。虽然目前有多种定义方式，但共同点在于环境承载力关注环境系统的结构和功能，从而反映区域环境系统的敏感性、修复能力和服务功能。

由于环境承载力涉及的影响因素较多，其本身具有复杂性、模糊性，目前尚未形成公认的对其进行量化的方法。现有的定量化研究方法主要是在理论研究的基础上，选取环境承载力的评价指标，进而运用统计学方法、系统动力学方法等进行综合分析。目前常用的评价方法有指数法、承载率法、系统动力学法以及多目标优化法等（王俭等，2005）。在这些方法实践中，如何根据环境承载力的内涵建立科学合理的评价指标体系是进行量化研究的基础，也是未来研究需要继续深入的方向，RS、GIS等技术的应用也成为环境承载力定量评价的主要依托。

主体功能区划、城市空间增长边界研究中的环境承载力评价指标选取，主要基于城市用地生态适宜性分析与生态功能区划等研究。国内研究主要关注区域的环境容量、生态脆弱性、生态重要性、自然灾害危险性、可用资源丰度等因素（陈雯等，2006；梁涛等，2007；陆玉麒，2007；王振波等，2013；樊杰，2015）；国外在用地适宜性与开发选址方面的研究除了考虑自然环境条件外，较多地融入了区域规划、基础设施以及景观评价等因素（如 Hossain et al.，2006；Marull et al.，2007；Taleai et al.，2007；Bagdanavičiūtė and Valiūnas；2013）。环境承载能力评价以层次分析法与多目标综合决策法为主流（Malcze-wski，2004；Chakma，2014），依据研究地域的本底特征、尺度和研究目标，环境承载能力评价选用的主要指标有：坡度、高程、地貌、土壤、水文、自然灾害、环境容量、水土资源数量与质量、基础设施、土地利用现状、自然保护区等。

　　本书对研究区域内对于城市空间增长的承载能力相关指标的选取主要考虑以下因素。首先，区域差异性。本书主要对各评价单元的相对承载能力进行分析，因此主要选取能够体现研究区域本底特征及空间差异性的因素，充分体现环境承载能力的空间异质性。其次，开发导向性。基于本书研究目的，指标体系的选择应充分考虑到影响城市空间开发的主要环境因素。最后，刚性与弹性结合、静态与动态兼具。现有的环境承载能力评价指标体系，特别是主体功能区划研究，主要考虑生态环境对城市开发的约束与限制，反映生态环境对城市开发支撑能力的指标较少，使得评价和区划方案刚性有余、弹性不足。此外，由于多选取静态指标，无法体现区域城市化发展过程中环境承载能力的变化趋势。

　　因此，本书结合连云港研究区域的生态环境状况和自然地理条件，基于数据可得性，分别从刚性因子与弹性因子两方面选取指标，对城市空间增长的环境承载能力进行评价（见表5-1）。刚性因子主要关注区域生态重要性与地质灾害危险性等城市空间扩展和工业开发的主要制约因素；弹性因子则选取污水排放便利性、水环境敏感性以及环境改善预期，以体现区域水环境容量对城市化、工业化发展支撑能力的状况与动态特征。按照区域环境系统对城市空间增长的支撑能力与敏感性，将每个因子的承载力水平划分为5个等级，即高承载力、较高承载力、中等承载力、低承载力、极低承载力，分别赋予等级值5、4、3、2、1。在对各单因子进行空间分析与评价的基础上，得到研究区域环境承载能力的综合评价结果。

5.1.2 指标体系及等级划分方法

（1）刚性因子

• 生态重要性

生态重要性是表征区域尺度生态系统结构和功能重要程度的综合指标，也是城市空间增长适宜性分析首要考虑的约束条件。生态系统重要性包括生态系统规模、生态环境完整度、生物多样性以及生态服务功能等要素，主要指标因子有水源涵养重要性、水土保持重要性、特殊生态系统重要性等（杨瑞霞等，2009；樊杰，2015）。

土地是各种自然生态系统的载体，作为人类活动的直接体现，土地利用类型反映了区域生态进程和服务价值（傅伯杰等，2003；白晓飞和陈焕伟，2004；周敬宜等，2004）。考虑到本书研究中的尺度和区域特征，本书主要考虑具有重要生态服务功能的用地对城市开发产生的约束。综合《江苏省主体功能区划》《江苏省重要生态功能区规划》和《江苏省生态红线规划》（苏政发〔2013〕113号），本书筛选出研究区域内具有相对重要生态服务功能的用地类型（包括自然保护区、地质公园、重要湿地、水源通道保护区等），对区域的相对生态重要性进行评价。

上述重要生态服务功能区在具有相对较高的生态服务价值的同时，也带有相对较高的生态敏感性。城市建设用地及工业用地存在较大潜在环境风险，必须回避区域的生态敏感保护目标。距离是重要的适宜性分析的赋值手段（Bagdanavičiūtė and Valiūnas. , 2012；Effat and Hegazy，2013；Chakama，2014），距离敏感保护目标越近，越不适合大规模的城市与工业开发。本书主要采用离敏感保护目标距离来衡量生态重要性级别。

• 地质灾害危险性

地质灾害危险性是评估区域地质灾害发生的可能性和灾害损失严重性的指标。连云港境内的主要地质灾害主要有滑坡、崩塌、采空地面塌陷、地面沉降、特殊性岩土（软土）等，截至本书成稿时，这些地质灾害已造成总额为6 180.5万元的经济损失，其中滑坡（崩塌）地质灾害经济损失5 676.5万元，是影响城市化、工业化以及区域可持续发展的重要限制因素之一①。本书通过采用与具有地质灾害风险区域的距离来衡量地质灾害对区域城市空间增长的制约程度。

（2）弹性因子

弹性因子主要衡量区域环境容量对区域和产业发展的约束及支撑作用，环境容量越大，环境约束度越小。广义的环境容量应涉及水环境、大气环境、声环境以及固废、放射物环境等。由于水环境对连云港城市化与工业化发展具有明显的制约作用，数据易获得性与可靠性较强，本书选取地表水环境作为环境容量因素的主要评价对象。

● 污水排放便利性

污水排放便利性是衡量居住用地以及工业用地适宜性的重要指标，研究区域具有发展化工业的旺盛需求，排水便利性是制约未来工业用地布局的决定因素。本书采用离主要纳污河道的距离来衡量排污便利性。在构建研究区域河流水系数字图形库的基础上，结合区域现有及规划的污水处理厂尾水通道，《江苏省地表水（环境）功能区划》《江苏省地表水（环境）功能区纳污能力和限制排污总量意见》识别出 2020 年前纳污能力较强的主要河道及其空间距离。理论上讲，越是临近排水处理社会尾水通道，承载城市化、工业化开发的能力越强。但在实际操作中，纳污河道沿岸 500 米范围不适宜用作污染风险隐患较大的工业生产用地。

● 水环境容量

区域水环境容量通过地表水体功能体现。根据《江苏省地表水（环境）功能区划》对研究区域内水功能区的划分：一级水功能区包括保护区、缓冲区、开发利用区以及保留区；二级水功能区在一级区的开发利用区中进一步划分为饮用水源区、工业用水区、农业用水区、渔业用水区、景观娱乐用水区、过渡区和排污控制区，对应不同的水质保护目标。在此基础上，将研究区域内水体类型归并为 3 种，分别为保护型、控制型和利用型（分类方法见5.2.4），其目标水质及保护要求依次降低，对城市及工业化发展的相对水环境承载能力依次升高，然后根据与河道的距离对不同河流类型赋予相应的承载力等级。

---

① 资料来源：《连云港市地质灾害防治规划》（2006—2020 年）。

- 水环境质量改善预期

水环境承载力除受河道自然本底条件影响外，越来越多地受到人类活动的影响。特别是在快速城市化地区，水环境质量与区域城市化水平、社会经济发展背景以及环境管理强度等因素密切相关（Alberti et al.，2007；Zhou et al.，2012；Huang et al.，2014）。因此，区域水环境质量改善的预期由于影响因素的不同而存在显著空间异质性。如研究发现，连云港境内地表水环境质量变化趋势受到城市化水平差异、环境管理措施以及工业园区发展的影响（Zhao et al.，2015）。因此，本书通过识别现有及规划污水处理厂服务范围、城市化水平差异、工业园区选址等因素对各行政单元进行打分赋值，以体现区域水环境承载能力的动态预期（见表5-1）。

表 5-1 环境承载力因子及等级划分标准

	因子	指标	赋值方法	单因子评价内涵	等级值	承载力等级
刚性因子	生态重要性	自然保护区/地质公园/风景名胜区/森林公园	<500米	高敏感区	1	极低
			500—1 000米	较敏感区	2	极低
			1 000—2 000米	影响区	3	中等
			>2 000米	无影响区	4	较高
		重要湿地/洪水调蓄区	<500米	较敏感区	2	低
			500—1 000米	影响区	3	中等
			>1000米	无影响区	4	较高
		水源地保护	与水源通道保护区距离			
			<500米	高敏感区	1	极低
			500—1 000米	较敏感区	2	低
			1 000—2 000米	影响区	3	中等
			>2 000米	无影响区	4	较高
	地质灾害危险性	低易发区	<500米	较敏感区	2	低
		高易发区	<500米	高敏感区	1	极低
			500—1 000米	较敏感区	2	低
	污水排放便利性	与主要纳污河道距离	<500米	较不适宜	2	低
			500—2 000米	最适宜	5	高
			2 000—5 000米	较适宜	4	较高
			5 000—10 000米	影响区	3	中等
			>10 000米	无影响区	2	低

续表

因子	指标	赋值方法	单因子评价内涵	等级值	承载力等级
弹性因子	水环境容量	水环境功能目标及可用环境容量	保护型河流		
		<500 米	高敏感区	1	极低
		200—500 米	较敏感区	2	低
		500—2 000 米	影响区	3	中等
		>2 000 米	无影响区	4	较高
		控制型河流			
		<200 米	较敏感区	2	低
		200—1 000 米	影响区	3	中等
		>1 000 米	无影响区	4	较高
		利用型河流			
		<100 米	较敏感区	2	低
		100—500 米	影响区	3	中等
		>500 米	无影响区	4	较高
	水环境质量改善预期	城市化水平	各因子综合打分	高改善预期	4	较高
		规划污水处理设施范围		中改善预期	3	中等
		工业园区		无影响区	2	低

5.2 环境承载力因子分析

5.2.1 生态重要性因子

根据《江苏省主体功能区划》《江苏省生态红线规划》以及《江苏省重要生态功能区区域规划》，研究区域内具有重要生态服务功能的保护区包括自然保护区、地质公园、重要湿地、洪水调蓄区、风景名胜区、森林公园等（见表 5-2）。重要生态功能保护区具有较高的生态服务价值和生态系统效益，是大规模城市化和工业化开发中需要回避的环境敏感目标。

表 5-2   研究区域重要生态功能区情况

功能区类型	功能区名称	范围	主导生态功能
自然保护区	云台山自然保护区	由前云台山的花果山、后云台山的宿城悟正庵、高公岛的椰河三片林地组成	森林生态系统
风景名胜区	云台山风景名胜区	由锦屏山、前云台山、中云台山、后云台山、北崮山、东西连岛和前三岛构成;含云台山自然保护区与花果山地质公园	自然与人文景观、生物多样性保护
	大伊山风景名胜区	位于灌云县伊山镇北部,北到北环路、西到宁连高速、南到山前路、新山巷、棺材山南侧,东到伊山北路、北到山北大沟	
地质公园	花果山地质公园	位于前云台山,总面积843平方千米	自然景观保护
重要湿地	灌云县东滩重要湿地	东到黄海海滩,西到洋桥农场西界,南到324省道、北至县属盐场南界	湿地生态系统保护
洪水调蓄区	新沂河洪水调蓄区	北以新沂河北堤外侧的小排河以北500米为界,西与沭阳县为界,东到黄海	洪水调蓄、生物多样性保护
森林公园	伊芦山森林公园	灌云县伊芦乡政府北,北到孙济大沟,南到伊芦山南麓山南大沟,东到朦轴,西到伊万路	自然与人文景观、生物多样性保护

本书主要采用离敏感保护目标距离来衡量生态服务功能因子的相对环境承载能力。对各类重要生态功能区划定不同宽度的高敏感区、较敏感区、影响区以及无影响区(见表5-1),分别对应环境承载力等级为极低、低、中等以及较高。空间分析的实现手段为:首先利用 ARCGIS 的中 Spatial Analyst/distance/Euclidean distance 模块分别提取研究区域内各评价单元与各重要生态功能区的距离,进而根据划定标准赋予相应的承载力等级。分析结果表明,具有高敏感性和较高环境敏感性的区域总面积为 600.97 平方千米,占研究区域总面积的 14.83%;基于生态服务功能因子具有中等环境承载能力的影响区域面积为216.31 平方千米,占研究区域总面积的 5.34%(见表5-3)。

表 5 - 3　　　　　　　　　　生态重要性因子分类结果

环境承载力等级	单因子评价内涵	面积（平方千米）	占研究区域比重（%）
极低（1）	高敏感区	241.41	5.96
低（2）	较敏感区	359.56	8.87
中等（3）	影响区	216.31	5.34
较高（4）	无影响区	3 253.90	79.83

　　研究区域内的饮用水源供给以地表水源为主，取水口所在河流水质需要得到严格的保护，应划定相应的缓冲区范围作为水源地保护的重点区域。该区域生态敏感性较高，较不适宜大规模城市开发活动。参考《江苏省县级以上集中式饮用水水源地保护区划分方案》和《江苏省生态红线规划》中关于水源地保护区划分的标准，本书将各取水口所在河流上游 5 000 米至下游 2 000 米水域范围及两岸背水坡堤脚外 100 米陆域范围作为水源通道保护区，识别出研究区域内地表水源取水口所在地及保护区范围（见表 5 - 4）。

表 5 - 4　　　　　研究区域内地表水源取水口所在地及保护区范围

城市名称	水厂名称	所在河流	规模（万吨/天）	保护区范围
连云港市	茅口水厂	蔷薇河	30.0	上游 5 000 米至下游 2 000 米水域范围及两岸背水坡堤脚外 100 米陆域范围
连云港市	海州水厂	蔷薇河	10.0	
灌云县	胜利路水厂	叮当河	1.2	
灌南县	灌南县地表水厂	北六塘河	2.5	

　　通过与水源地保护区的距离来衡量研究区域基于水源地因子的相对环境承载能力。距离水源地保护区越近，人类活动对敏感目标的干扰性越大，相对环境承载力就越低。根据各评价单元与水源通道保护区的距离，划定不同宽度的高敏感区、较敏感区、影响区和无影响区。空间分析的实现手段为：首先利用 ARCGIS 的中 Spatial Analyst/distance/Euclidean distance 模块分别提取研究区域内各评价单元与水源通道保护区之间的距离，进而根据划定标准对各评价单元赋予相应的承载力等级为极低、低、中等、较高。分析得出研究区域内基于水源地保护因子的高敏感区和较敏感区面积为 30.85 平方千米，占研究区域总面积的 0.76%，受到水源地保护区影响，环境较为敏感的区域面积为 108.1 平方千米，占研究区域总面积的 2.67%（见表 5 - 5）。

表 5 – 5　　　　　　基于水源地保护因子的环境承载能力分类结果

环境承载力等级	单因子评价内涵	面积（平方千米）	占研究区域比重（%）
极低（1）	高敏感区	13.33	0.33
低（2）	较敏感区	17.52	0.43
中等（3）	影响区	108.10	2.67
较高（4）	无影响区	3 914.24	96.57

5.2.2　地质灾害危险性因子

根据《连云港市地质灾害防治规划（2006—2020）》和江苏省地质调查院 2002 年对连云港地质灾害的调查报告，对研究区域内主要地质灾害低易发区与高易发区进行定位。本书主要采用离不同地质灾害危险性区域的距离来衡量该因子的相对环境承载能力。对各地质灾害危险性区域划定不同宽度的高敏感区和低敏感区，分别对应环境承载力等级为极低、低和较高。

5.2.3　污水排放因子

水环境条件，特别是污水排放便利性，是评价区域环境系统对于人类经济活动承载能力的常用评价因子，距离纳污河道越近，其排水便利性越高，城市化及工业发展的水环境条件越好。

根据地表水功能区划以及连云港市地表水功能区纳污能力及限制排污总量意见，研究区域内主要环境容量较高的河道主要包括临洪河、排淡河、烧香河、埒子河、灌河、盐河和新沂河。从现有区域开发情况来看，这些河道已经成为工业园区尾水的主要通道（见表 5 – 6）。虽然近年来由于区域水环境污染加重与经济发展的矛盾凸显，表中所示水体仍然是未来 5—10 年内区域生活污水及工业污水的主要承接水体，但其水环境容量相对较高，对未来城市化与工业开发的承载能力也较高。对研究区域与主要纳污河道的空间距离进行提取。在此基础上，根据表 5 – 1 中的污水排放因子等级划分标准，按照与纳污河道的距离远近划定不同宽度的较不适宜区、最适宜区、较适宜区、影响区、较不适宜区（无影响区），分别对应污水排放因子的承载力等级为低、高、较高、中等与低。

表 5 - 6　　　　　　　　研究区域主要纳污河道及沿岸主要工业园区

纳污河道名称	沿岸主要工业园（按从上游到下游排序）
临洪河	连云港高新技术产业园区、海州经济开发区、大浦化工、临港产业区
排淡河	连云港出口加工区、连云经济开发区、连云港经济技术开发区
烧香河	板桥工业园
埒子河	徐圩钢铁产业园、徐圩石化产业园
灌河	连云港化工产业园区
盐河	灌云经济开发区
新沂河	灌云经济开发区、灌南经济开发区

5.2.4　水环境容量因子

长期以来，连云港地区区域水环境容量有限与社会经济发展需求之间的矛盾突出，成为连云港城市化与工业化发展的主要瓶颈。2000 年后，随着连云港社会经济发展的速度加快，东部城区急剧扩张，而相应污水截留管网和污水处理厂建设滞后，未截留的生活污水、工业废水排放量增加，河流上游无清洁水源，下游有闸坝控制，河流自然净化能力相对较小，导致河道水体水质难以实现持续改善。因此，在近年来地表水污染趋于严重的背景下，因地制宜地利用水体对污染物的承载能力，实现水环境容量的优化配置更为重要。

结合区域水体功能区种类及研究尺度，按照区域内二级水功能区种类和水质保护目标，将地表水域归并为三类，分别为：保护型河流（包括保护区、保留区及饮用水源区），其水质目标要求为 II 类；控制型河流（包括农业用水区、渔业用水区及过渡区），其水质目标要求为 III 类；利用型河流（包括工业用水区、景观娱乐用水区及排污控制区），其水质目标要求为 IV 类到 V 类。这三类水体的环境敏感性及保护要求依次降低，对城市及工业化发展的相对水环境容量依次升高。需要说明的是，由于某一地表河流的水环境功能往往并非单一类型，其水质保护目标也存在上下游或者近远期的差异，本书采用各类水功能中水质目标的最高要求作为最终划分标准。

在提取各地表水域的水质目标要求后，参照水域生态敏感性的缓冲分级法，对具有不同水环境功能的水体划定不同宽度的高敏感区、较敏感区、影响区及无影响区，分别对应环境承载力等和极低、低、中等和较高。各评价单元最终的承载力等级 = minimum（保护型河流承载能力等级，控制型河流承载能力等级，利用型河流承载能力等级）。

5.2.5 水环境质量改善预期因子

通过对研究区域现有及规划（2008—2015 年）污水处理设施进行空间定位，识别各污水处理设施主要服务行政区范围。根据不同行政区的城市化水平、是否位于污水处理设施服务范围，对其水环境改善预期等级进行赋值。城区位于污水处理设施服务范围内的行政单元赋值 4（较高改善预期），县域位于污水处理设施服务范围内的行政单元赋值 3（中等改善预期），其他行政单元赋值 2（较低改善预期）。

5.3 综合评价

采用因子叠置法对各个单因子的评价结果进行综合评价与聚类。根据对评价目标环境承载能力的作用方向分析，四个评价因子可以分为两大类。一类为正向因子，即污水排放因子、水环境质量改善预期因子，距离纳污河道越近，水环境质量改善预期越高，相对环境承载能力越高，其中环境承载能力最高的区域相对最适宜未来城市化和工业化开发。另一类为反向因子，即生态重要性因子、地质灾害危险性因子与水环境容量因子。这三个因子均是通过距敏感保护目标远近为评价对象来衡量相对的环境承载能力，即与敏感目标距离越近，环境承载能力越低，且其中环境承载能力最低的区域为极敏感区，其主体功能为生态修复与保育，禁止大规模的城市化与工业化开发。

通过以上分析得出，第一类因子对于未来城市化与工业化发展是正向的推动力，第二类因子则是大规模城市与工业开发的相对阻力。因此，在进行因子叠置时，考虑到第二类因子对于区域城市化开发的短板作用，各评价单元的环境承载能力等级取各单因子环境承载能力等级的最低值，即阻力因子的环境承载能力等级 = Minimum（生态重要性因子，地质灾害危险性因子，水环境容量因子等级），分别为极低（1），低（2），中等（3）和较高（4），各类因子的评价内涵同表 5-1 所列。在得到阻力因子的评价等级后，与推动力因子进行图层归并，归并的逻辑路线为，当"阻力因子评价等级 = 4"且"推

动因子评价等级 =5"时，即区域位于环境敏感目标的影响范围之外且存在最高等级的正面推动力时，环境承载能力等级为最高（5）。如不满足此条件，环境承载能力等级 = Minimum（第二类阻力因子评价等级，污水排放因子等级，水环境质量改善预期因子等级）。

经上述分析得到研究区域环境承载能力的综合分级评价结果（见图 5-1），环境承载能力分为 5 个等级：高（5）、较高（4）、中等（3）、低（2）、极低（1）。该评价结果表征了环境承载能力的空间差异特征，是进行城市空间增长适宜性评价的重要依据。

图 5 -1　环境承载能力等级空间评价结果

经统计分析得出，研究区域的环境承载能力总体较低，高和较高承载能力区域面积为 1 106.70 平方千米，占研究区域总面积的 27.31%。中等承载能力区域面积为 1 206.03 平方千米，占 29.76%，低环境承载能力区域面积为 1 448.73 平方千米，占 35.74%，极低环境承载能力面积为 291.72 平方千米，占 7.19%（见表 5 -7）。

表 5 - 7　　　　　　　　　　环境承载能力等级评价结果

环境承载力等级	面积（平方千米）	占研究区域比重（%）	适宜类型	面积（平方千米）	占研究区域比重（%）
高（5）	390.29	9.74	适宜开发	1 106.70	27.31
较高（4）	716.41	17.68			
中等（3）	1 206.03	29.76	适度开发	1 206.03	29.76
低（2）	1 448.73	35.74	生态保育	1 740.45	42.93
极低（1）	291.72	7.19			

　　极低与低等环境承载能力属于生态环境较为脆弱地区，极易受到人类活动的干扰与破坏，区域自我修复能力较低，此类区域应当作为生态保育区，不适宜大规模城市化及工业化开发。中等环境承载能力区域属环境敏感保护目标的影响范围内，较易遭受人为干扰而造成生态系统的不稳定，此类区域可以作为过渡区域，宜进行适度开发利用。高与较高环境承载能力区域的生态敏感性较低，环境容量较大，适宜作为开发区，适合强度较高的城市化开发。

　　综合以上分析，较适宜未来城市空间增长利用的土地面积为 1 106.70 平方千米，占研究区域的 27.31%；可进行适度开发利用的土地面积为 1 206.03 平方千米，占 29.76%，而不宜作为城市化与工业化开发的土地面积为 1 740.45 平方千米，占 42.93%。

5.4　小结与讨论

　　本章从城市空间增长的环境承载力内涵与影响因素入手，基于区域差异性与开发导向性的基本原则，重点关注区域环境系统的敏感性、生态重要性和环境容量。从刚性因子和弹性因子两方面构建了由 5 项指标组成的城市空间增长的环境承载力评价指标体系；以研究区域为实证案例，采用空间扩散赋值与矢量直接赋值结合的方法对指标进行量化，进而运用逻辑组合判别法得出各分析单元的环境承载能力综合评价值。以 GIS 空间分析技术为支撑，实现了环境承载力综合评价的可视化表达。

　　从实证分析结果来看，研究区域的环境承载能力总体水平较低，高与较高承载能力区域面积仅占总面积的 27.31%，中等与低环境承载能力区域面积分别占 29.76% 与 35.74%，极低环境承载能力面积约为 291.72 平方千米，约占 7.19%。研究结果表明，区域绝大部分土地生态环境较为敏感，较不适宜大规模的城市与工业化开发，其中约有 42.93% 的土地极易受到人类活动的影响，自我修复能力较低，应当以生态保育为主导功能。较适宜作为未来城市空间增长利用的土地面积为 1 106.70 平方千米，占 7.19%，这部分区域环境容量较高且远离生态敏感保护目标，主要分布于自猴嘴街道与中心城区的连接轴并向南沿宁连高速、204 国道延伸的两侧 2 000 米缓冲区域。

从研究方法的科学合理与适用性来看，本章采用的逻辑判别因子叠置法能够较好地体现环境承载能力，特别是水源地保护因子、环境容量因子和生态服务功能因子对城市空间增长的短板作用。但是，该方法也存在一定的局限性，体现在区域在某一时期、一定状态下的环境承载力是客观存在的，但对其状态的衡量和评价即因子赋值与等级划分的量化方法具有较强的主观性。如何最大程度避免主观因素对最终评价结果的影响，应作为未来研究的重要命题之一。此外，环境承载力除具有较强的客观性外，也受到人类活动特别是通过技术进步、经济增长方式的影响，因此在指标体系的构建上可适当增加此类指标，从而更好地反映环境承载力的动态性和可调控性。

城市空间增长的
发展潜力评价

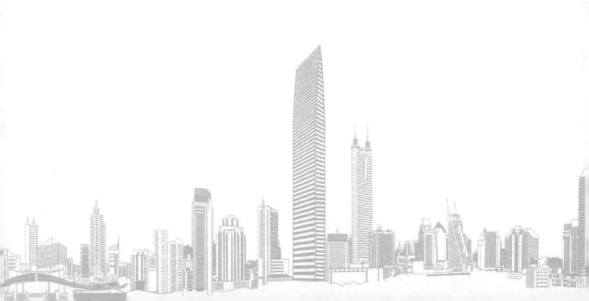

6.1 评价方法

6.1.1 指标选取

发展潜力是评价对象对于发展目标的潜能。在以主体功能区为导向的区域空间调控研究体系中,"发展潜力""发展优势度"等名词是指代区域复合系统(指人口—资源—环境—经济—社会等子系统构成的有机整体)在满足系统协调可持续发展的前提下,在各个子系统的支持作用下,未来发展的潜在能力和动力(郭亚军等,2002;王建军和王新涛,2008)。从空间分析的角度,城市空间增长的发展潜力可以认为是在某一时段内,各空间评价单元由非城市化单元转变为城市化单元的相对可能性或优势。

城市空间增长的发展潜力主要受到资源条件、区位条件、基础设施、经济社会发展水平以及人文环境等的影响,同时也与区域政策取向与发展战略密切相关。受经济发展驱动力影响,区域发展潜力理论研究始于经济学角度,认为发展潜力主要取决于社会需求和供给能力;主要关注社会经济系统对于区域未来发展的支撑和推动作用,多采用经济规模、经济发展速度、社会结构指数和社会潜在效能指数等来衡量(陈石俊等,2003;李善同等,2003)。随着研究的深入,区域发展潜力研究扩展为自然、社会、经济的多层面体系,认为社会经济发展潜力的研究应包括经济发展、社会支撑和资源承载三大类主要因素(余晓霞和米文宝,2008)。主体功能区划提出后,不同领域的学者从国家、区域和地域等不同尺度,认为社会经济发展潜力应作为衡量区域发展的主要层面。有学者认为,社会经济发展潜力是特定区域在发展过程中所表现出来的相对其他区域的综合支撑能力,应从资源承载、经济发展、集聚辐射、社会支撑、区位支持、外部推动等方面进行研究(朱传耿,2007)。李军杰提出,自然禀赋、区位条件、科教水平和制度环境可以代表我国现实情况下区域发展潜力(李军杰,2006)。还有学者认为,以主体功能为导向的区域开发应基于国土空间的资源禀赋、环境容量、现有开发强度和未来的发展潜力(高国力,2007)。

社会经济因素是土地非农开发的主要驱动力（Van der Veen and Otter, 2001；Liu, 2005；Chen, 2007）。研究表明，近年来我国快速城市化发展模式中，城市土地的快速扩张与区域经济发展存在着长期的稳定因果与双向驱动关系（Liu et al., 2003；Tian and Ma, 2009；Bai et al., 2011）。城市化、经济发展与人口增长等社会经济因素发展水平越高、速度越快，土地的开发需求程度越高。此外，土地开发也更倾向于选择经济基础好、开发效益高、发展潜力更大的区域。因此，本书主要从社会经济的角度出发，关注由于区域社会经济发展的基础差异而体现的城市空间增长潜力，引导未来的城市空间增长开发集中定位在适宜性较高的地区，减少适宜性较低区域的开发压力，从而为合理配置城市空间扩张的格局提供依据。

采用层次分析法，对研究区域内对于城市空间增长的开发潜力进行定量分析与评价。指标体系的建立综合考虑社会经济发展水平的特点与区域实际情况，按照科学性、客观性、可行性、可比性、动态性等原则，参考相关研究成果，分别从社会经济支撑力、集聚影响力与区位推动力3个方面构建发展潜力评价的指标体系（见表6－1）。

表6－1　　　　　　城市空间增长的发展潜力评价指标体系

因子	权重	指标（单位）	权重
社会—经济支撑力	0.367	人口密度（人/平方千米）	0.174
		人均GDP（万元/人）	0.213
		财政收入（元/人）	0.134
		GDP增长率（%）	0.207
		人均GDP增长率（%）	0.175
		地均GDP（万元/平方千米）	0.097
辐射影响力	0.266	建设用地比例（%）	0.343
		建成区面积（平方千米）	0.314
		城镇影响力	0.343
区位推动力	0.367	路网密度（千米/平方千米）	0.346
		公路通达性	0.346
		铁路通达性	0.245
		港口通达性	0.063

基于数据可获得性，选取人口密度、人均GDP、财政收入、GDP增长率、人均GDP增长率和地均GDP作为社会—经济支撑力的评价指标，选取建设用

地比例、建成区面积、城镇影响力作为辐射影响力的评价指标，选取路网密度、公路通达性、铁路通达性、港口通达性作为区位推动力的评价指标，各指标的评价单元均为乡镇单元，通过指标计算、标准化及加权求和，得出城市空间增长的发展潜力评价结果并划分为高、较高、中等、低、极低5个等级，分别赋予等级值5、4、3、2、1。

6.1.2　指标体系及赋值方法

（1）社会—经济支撑力因子

考虑到研究的尺度与数据可获得性，尽可能全面、准确地反映区域状况的同时提高评价结果的分辨率，社会经济评价的指标均以可获取的最小行政单元——乡镇单元为依据。

人口增长与社会经济发展互为驱动力，城市化水平越高、速度越快，人口越多、人口增长速度越快（反之亦然），这些指标的增长对城市空间增长的需求就越旺盛。人口的增长对城市空间增长会产生正面的影响，选取人口密度来反映人口与社会因素在区域内的空间分异特征。

经济发展类指标选取人均GDP、地均GDP、GDP增长率、人均GDP增长率以及财政收入为主要评价对象。经济发展的规模越大，人均占有水平越高，区域的城市化开发需求程度越高，相应城市空间增长的开发潜力就越大。因此，这三类指标相对评价目标来说均为正向指标。

（2）辐射影响力因子

辐射影响力因子主要从城市化水平和城镇等级两方面来衡量各行政单元之间城市化发展的相对影响力，以体现未来城市空间增长潜力的空间分异特征。

城市化发展是城市空间扩展和开发格局演变的推动力，通过建设用地比例与建成区面积来衡量城市化发展的水平，以乡镇行政单元为赋值单元，反映城市化带来的开发密集程度。

区域间联系强度既反映了经济中心对周围地区的辐射（扩散与极化）能力，也反映了周围地区对经济中心辐射潜能的接受能力。著名地理学家Taaffe认为，经济联系强度同它们的人口乘积成正比，同它们之间的距离平方成反比（Taaffe，2004）。借鉴区域经济联系已有研究成果，本书采用城镇影响力（City Impact）这一指标来表征城镇辐射影响力，该指标为某一区域内所有对其有影响的中心城镇产生的综合辐射力，其计算公式为（刘旭华等，2005）：

$$CI_{(x,y)} = \sum_{i=1}^{n} \log_{10}(1 + \frac{P_i}{D_{(x,y,x_i,y_i)}^b}) + \sum_{i=1}^{n} \log_{10}(1 + \frac{G_i}{D_{(x,y,x_i,y_i)}^b})$$

式中：$CI_{(x,y)}$，代表某一城镇（x，y）的城镇影响力；$D_{(x,y,x_i,y_i)}^b$，代表某一城镇（x，y）与中心城镇 i（xi，yi）的最近欧氏距离；G_i，代表中心城镇 i 的 GDP；P_i，代表中心城镇 i 的人口。

（3）区位推动力因子

区位条件是评价区域空间开发前景的重要因素，交通体系格局与城市用地空间分布密切相关。位于主要交通设施（包括公路、铁路、航运、航空等）沿线的区域，区位条件较为优越，其未来转化为城市用地的可能性较高（Jin et al.，2008；Madsen et al.，2010；Zhang et al.，2013；Zhao，2010）。本书选取网格内的路网密度来反映区域交通基础设施完善程度，利用 Spatial Analyst Tools/zonal 功能提取路网密度并切分到各个乡镇单元。利用 ARCGIS 中 Spatial Analyst/distance 功能提取与公路、铁路、港口的距离，来表征地区的交通通达性。

6.1.3 指标权重及等级划分

权重的大小反映了各个指标对于评估目标的作用大小及影响的重要程度，指标权重设定的合理程度对综合评价结果的正确性和科学性有很大程度的影响。权重的确定方法主要分为主观确定法、客观确定方法或者两者相结合的方法。主观确定法是依据咨询的专家或决策者对与指标重要性的认识来赋值，如 Delphi 测定法和层次分析法，可以直观地反映被访者的主观意向，但评价结果具有一定的主观随意性。客观确定法是通过对指标取值的信息进行数理统计分析来获取信息，如因子分析法、相关系数法、熵值法、主成分分析法等，其评价结果具有较强的数理依据，避免主观因素的影响，但是无法反映指标本身的意义以及实际的重要程度。因此，在实际应用中，采取主客观相结合的方法进行赋权，比单一的赋权方法具有明显的优势。

本书研究指标多为社会经济统计指标，模糊定性指标较少，数据之间存在潜在的关联程度，同时数据指标个数较少，样本数量较多，较符合主成分分析法要求。此外，指标体系存在递阶层次结果，较适宜采用层次分析法对各指标重要性程度进行评估和排序。因此，本书选择主成分分析法（客观赋权）与层次分析法（主观赋权）相结合的方法来确定各指标的权重。具体方法如下。

步骤1　对样本数据进行标准化处理

对某一评价对象进行评价时，假设原始数据样本数为 m，指标数为 n，则原始样本数据矩阵为

$$X = \begin{bmatrix} X_{11} & \cdots & X_{1n} \\ \vdots & \ddots & \vdots \\ X_{m1} & \cdots & X_{mn} \end{bmatrix}$$

本书中，m 为样本个数，即乡镇单元个数，n 为指标个数。

为消除由于各指标数据性质、量纲不同而带来的影响，需对其进行标准化处理。采用效应函数，若指标值越大，正效应越大，则采用递增分布函数，$X_j = (X_i - X_{\min}) / (X_{\max} - X_{\min})$；若指标值越大，负效应越大，则采用递减分布函数，$X_j = (X_{\max} - X_i) / (X_{\max} - X_{\min})$。其中，$X_i$ 为实测值，X_j 为标准化后的数值，$X_{\max}$ 和 $X_{\min}$ 分别为最大值、最小值。

步骤2　层次分析法赋权

层次分析法是将较为复杂的决策问题分解为有序的分级层次结构，利用人们对各决策方案的优劣或重要性进行评价和排序。在本书中，该层次结构分两级，分别为各一级因子，即社会经济支撑力因子、辐射影响力因子和区位推动力因子对评价目标发展潜力的权重大小，以及二级指标对相应一级因子的权重大小。

分别邀请环境科学类、城市规划类及政府决策者类专家对各指标的相对重要性进行赋值调查，构建判断矩阵 $A = (a_{ij})$。a_{ij} 代表指标 X_i 和 X_j 对上层因子的相对重要性。对矩阵进行一致性检验，求得最大特征值 $\lambda_{\max}$ 及对应的特征向量 $W = (w_1, w_2, \cdots, w_n)^T$，该特征向量即各指标权重向量。

将"步骤1"标准化后的数据矩阵乘以权重向量 W，得到修正的数据矩阵

$$X' = \begin{bmatrix} X_{11} \cdot w_1 & \cdots & X_{1n} \cdot w_n \\ \vdots & \ddots & \vdots \\ X_{m1} \cdot w_1 & \cdots & X_{mn} \cdot w_n \end{bmatrix}$$

步骤 3　主成分分析法赋权

利用 SPSS 软件，计算"步骤 2"中得到的数据矩阵 X′ 的相关矩阵，求得相关矩阵的特征值和特征向量。根据累计贡献率大于 85% 的原则，选取相应主成分。各主成分特征值对应的特征向量即为各指标在该主成分的权重。对权重向量进行归一化处理后得到最终的权重结果，如表 6-1 所示。

通过加权求和得到各个评价单元的发展潜力，计算公式为

$$C_i = \sum_{i=1}^{n} W_i \cdot X_i$$

式中，W_i 为第 i 个评价因子的权重，X_i 为第 i 个因子量化后的值，n 为因子个数。

为进一步揭示区域内部发展潜力的空间分异特征，对各评价单元的发展潜力得分值进行重分类。重分类方法采用 Jenks 最优分类法（Jenks Optimization Method），也称自然断裂分类法（Jenks Natural Breaks Classification Method）（Jenks & Coulson，1963）。这一方法的工作原理是通过不断寻找分类的节点，使各个类别内部的数值尽可能接近某一类别的平均值，同时使某一类别的平均值尽可能地偏离其他类别的平均值，即尽可能降低同一类别组内的差异，而同时尽可能最大化各类别之间的差异（Jenks，1967）。

如表 6-2 所示，与其他统计重分类方法如等分法（Equal Interval Classification）、分位数分类法（Quantile Interval Classification）、标准差分类法（Standard Deviation）和几何级数分类法（Geometrical Interval）相比，自然断裂法（Nature Break）能够识别出一组数据根据数值大小分布而自然产生的相对明显的断裂点（big jump）（Minami，2000），揭示并突出评价对象本身数据分布的差异规律。因此，该方法符合本书的研究主旨，可较好地体现研究区域内各评价单元的发展潜力的空间分异特征。各评价单元的发展潜力得分值最终划分为 5 类，即高发展潜力、较高发展潜力、中等高发展潜力、低高发展潜力、极低高发展潜力，分别赋予等级值 5、4、3、2、1。

表 6 – 2   几种常用统计重分类方法对比

分类方法	方法说明	方法特点
等距分类法 （Equal Interval）	将分类对象的数值按照相同的距离进行归类	强调某一类别区间内对象的数量，适用于例如百分比、温度等的分类
分位数分类法 （Quantile Interval）	每一类中包含相同数量的对象	适用于线性分布的数据
自然断裂法 （Nature Break）	根据数值自身具备的类别差异来进行分类；可以将较为相似的对象归并为同一类，同时最大化不同类别之间的差异，分类的界限通常选取在数据存在较大差异处	适用于反映分析对象本身数据分布的规律
标准差分类法 （Standard Deviation）	根据数据偏离平均值的程度进行分类	适用于分析数据与平均值和标准差之间差距的分类
几何级数分类法 （Geometrical Interval）	通过尽可能降低某一类别中数值的平方和使得各个类别所包含的对象个数尽可能近似，且各类别之间的间隔成几何级数	适用于数值相对连续的对象，或者是并不符合正态分布的对象

6.2 发展潜力因子分析

6.2.1 社会经济支撑力因子

社会经济支撑力反映了研究区域内各评价单元社会和经济发展的基础、速度与质量，一定程度上可以体现对区域未来发展的支撑能力和优先次序。应用 Arcgis 9.2 的 Nature Break 分类及统计模块，对研究区域内 51 个乡镇/街道评价单元的社会经济支撑力评价值进行统计分析与分类（见图 6 – 1a），结果表明，14 个评价单元的得分高于总体平均值，37 个评价单元的得分低于总体平均值，分别占研究区域评价单元总体的 27.5% 和 72.5%，表明区域内大部分乡镇的社会经济支撑能力集中于平均线以下，可见研究区域社会经济的发展以少数乡镇/街道实力的增强为主要推动力，区域内部呈现单极化。进一步提取 37 个得分低于平均值的评价单元进行统计分析（见图 6 – 1b），发现这一组数据的标准差小于整体标准差，说明研究区域内部，特别是得分低于平均值的评价单元之间的差距远小于位于区域内得分高于平均值的评价单元之间的差距。

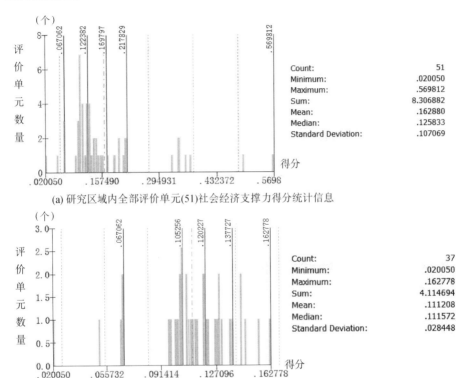

(a) 研究区域内全部评价单元(51)社会经济支撑力得分统计信息

(b) 研究区域内社会经济支撑力得分平均值以下评价单元(37)统计信息

注：长实线代表 nature break 模块所识别的类别分界线，点划线代表数据平均值，虚线代表以平均值为中心的标准差区间界限。

图 6 – 1　研究区域社会经济支撑力得分统计结果

为进一步揭示区域社会经济发展的空间分异特征，基于行政单元的评价结果进行 Kriging 插值模拟，得出研究区域内各评价单元的社会经济支撑力得分呈现倾斜的"π"形格局，大致可分为"东北主轴线、南和东南两条分轴线"三条走向不同的发展轴线。其中，东北主轴线是指以连云港中心城区为起点，连接新浦区与连云区的城区经济发展轴。这一发展轴与《连云港城市总体规划（2001—2020）》中确定的"一市双城"的发展模式相吻合，在2005 年前承担着主要经济发展推动轴的作用。东南分轴线是指以连云区港口区域为起点，沿东部海岸线向东南方向扩展的海岸带经济轴线。该区域的社会经济支撑轴覆盖范围较广，将连云港沿海区域全部包括在内，但其支撑能力较弱，表明该区域的社会经济发展速度较快，但总量相对较小。这一结论与连云港东部滨海区战略规划中提出的"城市东进、拥抱大海"的发展战略相符合，东部沿海区域成为连云港"一体两翼"发展战略中重要的沿海发展带，是近年来快速城市化和工业化发展的主要增长极。南分轴线则是指以连云港中心城区为起点，沿 204 国道和宁连高速等交通轴线向南连接灌云县、灌南县的经济发展带，这一分轴线经济实力较强，但空间分布并不均衡，呈现"双核"结构，分别为灌云县北部的板浦镇和灌云县、灌南县相接的侍庄乡—孟兴庄镇。

对各评价单元的单因子得分进行分析，发现区域经济发展速度指标（GDP 增长率、人均 GDP 增长率）与经济发展质量指标（人均 GDP）空间布局具有相关性，表明经济的快速发展与区域经济基础有着密切的关系。经济发展的速度也从一定程度上反映了区域城市化发展和空间增长的现状。经济发展速度较快的地区主要分布于连云区、新浦区南部以及灌云县和灌南县西部交界区域，如猴嘴街道、板桥街道、云山街道、宁海乡、板浦镇、侍庄乡、孟兴庄镇等；而中心城区（新浦区、海州区）和灌云县西部内陆地区发展较缓慢。

6.2.2　辐射影响力因子

辐射影响力反映了研究区域内各评价单元在空间整体发展中所处的位置，可以体现区域未来城市空间增长的相对成本和优势。应用 Arcgis 9.2 的 Nature Break 分类及统计模块，对研究区域内 51 个乡镇/街道评价单元的辐射影响力评价值进行统计分析与分类（见图 6-2a）。分析结果表明，有 14 个评价单元的得分高于总体平均值，37 个评价单元的得分低于总体平均值，分别占研究区域评价单元总体的 27.5% 和 72.5%。可见研究区域内各评价单元的辐射影响力差距较大，大部分乡镇的辐射影响力相对较弱。进一步提取 37 个得分低于平均值的评价单元进行统计分析（见图 6-2b），发现这一组数据的标准差小于整体标准差，说明研究区域内部，特别是得分低于平均值的评价单元之间的差距远小于位于区域内得分高于平均值的评价单元之间的差距。

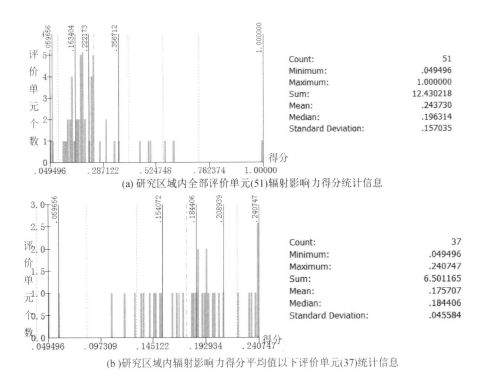

(a) 研究区域内全部评价单元(51)辐射影响力得分统计信息

(b)研究区域内辐射影响力得分平均值以下评价单元(37)统计信息

注：长实线代表 Nature Break 模块所识别的类别分界线，点划线代表数据平均值，虚线代表以平均值为中心的标准差区间界限。

图 6 - 2　研究区域辐射影响力得分统计结果

为进一步揭示区域辐射影响力的空间分异特征，基于行政单元的评价结果进行 Kriging 插值模拟，可以看出研究区域内各评价单元的辐射影响力呈现明显的"工"字形格局。辐射影响力得分较高的单元主要分布在主要南北向交通干线（宁连高速和 204 国道），以及通过此轴线连接的研究区域北部与南部的东西向发展轴上。对单因子评价结果进行分析，区域内部城市化水平相对较高的地区（建成区面积较大）主要包括中心城区、灌云县的伊山镇和灌南县的新安镇，目前研究区域内存在三大城市化核心，研究区域的城市化及城市空间增长呈现多中心的空间格局。这一结论与第 4 章中关于城市空间增长的空间格局由单一中心向多中心转变的结论相匹配。城市建设用地比例较高的区域除 3 个核心区域外，还包括研究区域东部内陆地区，主要围绕灌云、灌南两县的中心区域以及连云区东部沿海地区。这些区域受到土地开发政策、市场驱动等因素的作用，开发成本较低、发展前景较好，代表着未来区域城市空间增长的新方向。

6.2.3　区位推动力因子

区位推动力评价反映了研究区域内各评价单元受区位优越程度影响而体现出的城市空间增长潜力的空间差异性。分析结果表明，区域内区位条件较为优越的单元主要分布在城区的大部分街道、乡镇以及灌云县交通干线沿线乡镇。应用 Arcgis 9.2 的 nature break 分类及统计模块，对研究区域内 51 个乡镇/街道评价单元的区位推动力评价值进行统计分析与分类（见图 6 − 3a），结果表明，19 个评价单元的得分高于总体平均值，32 个评价单元的得分低于总体平均值，分别占研究区域评价单元总体的 37.3% 和 62.7%，这一结果表明区域内部大部分评价单元的区位资源处于平均水平以下，但区域内部极化作用较社会经济支撑力以及辐射影响力小。进一步提取 32 个得分低于平均值的评价单元进行统计分析（见图 6 − 3b），发现这一组数据接近正态分布，表明研究区域内部得分低于平均值的评价单元之间的差距远小于位于区域内得分高于平均值的评价单元之间的差距。

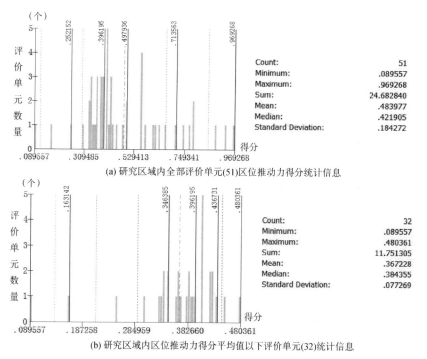

(a) 研究区域内全部评价单元(51)区位推动力得分统计信息

(b) 研究区域内区位推动力得分平均值以下评价单元(32)统计信息

注：长实线代表 Nature Break 模块所识别的类别分界线，点划线代表数据平均值，虚线代表以平均值为中心的标准差区间界限。

图 6 − 3　研究区域区位推动力得分统计结果

为进一步揭示区域区位推动力的空间分异特征，对评价结果进行 Kriging 插值模拟，发现研究区域内的区位资源在空间上的分布呈现以"双核"为特征的单极辐射格局，即以中心城区和连云区中心区域（中云街道、云山街道、墟沟街道）为中心向南部逐步递减的圈层结构。对各单因子评价结果进行分析，路网密度和公路通达性呈现以两大交通干线为轴的"T"形结构，横向轴线主要是以新墟公路和陇海线为连接轴的高分区，纵向轴线主要是以 204 国道和宁连高速为连接轴的高分区域，位于这两个轴线上的乡镇与街道对外联系较为便利，同时也是研究区域内社会经济发展的两大主轴线。总体来看，研究区域内城区的交通优势度高于县域，东部沿海地区的交通优势度高于县域南部内陆地区。区位推动力越高，表明区域交通基础设施越完善，对外联系也更为便利，未来城市空间增长具有明显的相对优势。

6.3 综合评价

对发展潜力的 3 个因子评价结果进行加权求和与分级评价，得到研究区域城市空间增长发展潜力的综合评价结果（见图 6-4）。在 3 个城区内，大部分乡镇及街道的综合发展潜力高于研究区域的平均水平。其中，靠近连云港中心城区以及连云区东部沿海区域由于城市化水平较高、社会经济基础较好、对外联系便捷且属于近年来城市空间增长和区域开发的重点区域，未来仍然是城市空间增长潜力高及较高的区域。在县域范围内，伊山镇由于社会经济发展基础相对雄厚，且位于宁连高速及 204 国道沿线这一连云港重要发展轴线上，成为县域未来城市空间增长的主要驱动核心；在其辐射影响下，伊山镇周边区域的发展潜力得分较高。位于灌云县和灌南县中部内陆的乡镇社会经济基础较薄弱，由于远离交通干线而被限制了发展潜力的发挥，是未来城市空间增长可能性较低的区域。

将研究区域内 51 个乡镇/街道评价单元的发展潜力评价值进行统计分析与分类。运用 Arcgis 9.2 的 nature break 分类及统计模块，对研究区域内 51 个乡镇/街道评价单元的发展潜力评价值进行统计分析与分类（见图 6-5a）。结果表明，18 个评价单元的得分高于总体平均值，33 个评价单元的得分低于总体平均值，分别占研究区域评价单元总体的 35.3% 和 64.7%。进一步提取

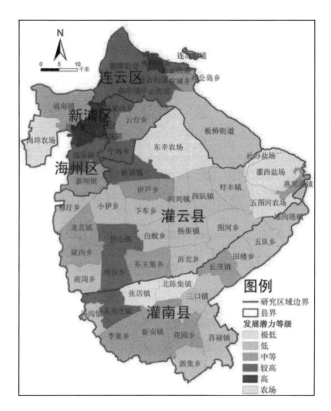

图 6 – 4　城市空间增长的发展潜力综合评价结果

33 个得分低于平均值的评价单元进行统计分析（见图 6 – 5b）可知，这一样本的标准差较整体样小，更符合正态分布，说明研究区域内部，特别是得分低于平均值的评价单元之间的差距远小于位于区域内得分高于平均值的评价单元之间的差距。

　　为进一步研究区域的发展潜力在空间上的分布差异特征，基于各评价单元的发展潜力得分值，对城市空间增长的发展潜力分城镇/街道评价结果进行空间插值分析。从整个研究区域尺度看，发展潜力的空间分布呈现"三个中心、两个圈层"的结构。"三个中心"是指城市空间增长未来潜力较大的 3 个相对中心区域分别位于城区的新浦区以及连云区的东部沿海区域；县域内的灌云县中心城镇即伊山镇是第三个发展潜力相对较高的中心区域。"两个圈层"是指发展潜力评价结果的空间结构分别以中心城区以及灌云县伊山镇为核心，沿宁连高速、徐连高速公路向外围逐步减小，呈现不规则的同心圆圈层式空间布局。

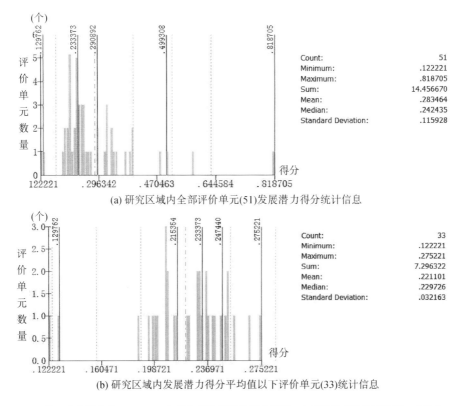

(a) 研究区域内全部评价单元(51)发展潜力得分统计信息

(b) 研究区域内发展潜力得分平均值以下评价单元(33)统计信息

注：长实线代表 Nature Break 模块所识别的类别分界线，点划线代表数据平均值，虚线代表以平均值为中心的标准差区间界限。

图 6 - 5　研究区域发展潜力得分统计结果

6.4　小 结 与 讨 论

本章分析了城市空间增长发展潜力的内涵与影响因素，认为从空间分析角度，城市空间增长的发展潜力是在某一时段内，区域各空间评价单元由非城市化单元转变为城市化单元的相对可能性或优势。本书重点关注社会经济系统对城市空间增长的影响，构建了"社会经济支撑力、辐射影响力、区位推动力"3 个子系统组成的发展潜力综合评价逻辑体系，进而细化了 3 个因子、13 个指标组成的综合评价指标体系，以研究区域为实证案例，探索了指标体系量化的方法和综合评价的技术路线，以 GIS 空间分析技术为支撑，实现了发展潜力综合评价的可视化表达。

实证分析表明，区域内部的发展潜力有明显的空间分异特征，三个因子的评价得分均存在"空间不均衡"高值，表明研究区域内各评价因子均呈现"极化"趋势，研究区域内部存在明显的发展中心。从空间分布来看，发展潜力综合评价结果呈现"三个中心、两个圈层"的结构。与第4章城市空间增长的空间模式相呼应，区域发展潜力并不局限于城区的单核驱动影响，县域也存在同样实力的发展驱动中心，未来的城市空间增长将在多核心的共同作用下，呈现不规则的同心圆圈层式空间布局。

对研究方法的科学合理与适用性进行分析，本章采用的综合定量评价法可较好地揭示区域各评价单元的开发状况、优劣势以及发展的潜在能力，体现区域未来城市空间增长的方向和功能定位。此外，综合评价基于行政单元也确保了数据的可得性与研究尺度的合理性。但是，相对于其他发展潜力的评价方法（例如区域经济法、基准法、SWOT法等），综合定量评价法需要大量的统计数据支持。本书在数据的丰富程度方面存在一定局限，如缺乏更直观反映未来趋势的评价指标以及区域战略决策因素等。此外，因综合评价以社会经济统计数据为主，评价的单元剔除了农场单元，与第4章第5章的评价单元无法完全吻合，故后续的综合适宜性分析的技术路线应当考虑到这一问题带来的影响。

城市空间增长调控

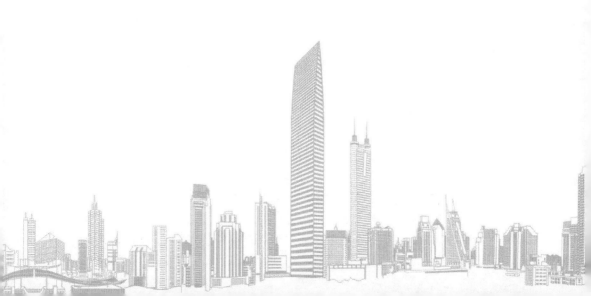

7.1 主体功能识别方法

7.1.1 适宜性分类

根据以前章节描述的判别思路,采用组合判别法对各评价单元的城市空间增长适宜性进行分类(见表7-1)。将城市空间增长的适宜性等级划分为四类:较适宜(4)、基本适宜(3)、较不适宜(2)和不适宜(1),各类别的特征分析与判别条件如表7-2所示。

表7-1　　　　　城市空间增长的适宜性综合分类矩阵

环境承载力等级 发展潜力等级	高(5)	较高(4)	中等(3)	低(2)	极低(1)
高(5)	较适宜(4)				
较高(4)					
中等(3)	基本适宜(3)				
低(2)	较不适宜(2)				
极低(1)	不适宜(1)				

表7-2　　　　城市空间增长各适宜性等级特征及判别条件

适宜性类别 (等级)	特征	判别条件
不适宜(1)	环境敏感性极高,对城市开发存在显著的约束与限制作用;或者社会经济发展潜力极低而成为未来城市空间增长可能性极低的地区	环境承载力=1,或发展潜力=1
较不适宜(2)	由于存在较高的环境敏感性,环境对人工干扰的调控能力弱,使得土地开发利用的环境补偿成本过高,超过了城市开发可能带来的利益;或者远离社会经济发展条件较优越的区域而提高了城市开发的成本	环境承载力=2,或发展潜力=2
基本适宜(3)	环境系统抗人为干扰的恢复能力中等,对区域开发特别是大规模的城市开发存在一定的约束性;虽然具有一定的社会经济发展基础与潜力,但因环境成本较高,故无法成为未来城市空间增长的最适宜区域	环境承载力=3,或发展潜力=3

续表

适宜性类别 （等级）	特征	判别条件
较适宜（4）	环境承载能力与社会经济发展潜力均较高的地区，环境对城市空间增长带来的人工干扰的适应与恢复能力较强，因而对城市空间增长的制约作用也最小；社会经济系统对城市土地开发的支撑力较高，因此适度的城市开发不会明显降低环境质量，也不会显著提高后续开发的成本，是未来城市空间增长较适宜的地区	环境承载力≥4，同时发展潜力≥4

7.1.2 主体功能识别

在城市空间增长适宜性等级划分的基础上，运用主导因素与组合判别相结合的方法，根据不同开发类别的主要影响因子，分析各等级范围内依据环境承载力与发展潜力的组合，进一步判别其相应的主体功能（见表7-3和表7-4）。首先识别出三大类主体功能，即禁止开发、限制开发和重点开发；然后将限制开发类型根据不同的组合特征进一步划分为四类亚区，即农业保障（Ⅰ）、生态保育（Ⅱ）、开发备用（Ⅲ）和适度开发（Ⅳ）。

表7-3 主体功能识别分区逻辑

适宜性类别	开发定位	区域特征		主体功能
不适宜	禁止开发	环境承载力=1		禁止开发
		国家及省级主体功能区划中划定的禁止开发区		
	限制开发	发展潜力=1	环境承载力≥3	限制开发Ⅰ （农业保障）
			环境承载力=2	限制开发Ⅱ （生态保育）
较不适宜	限制开发	环境承载力=2		限制开发Ⅱ （生态保育）
		发展潜力=2	环境承载力≥3	限制开发Ⅰ （农业保障）

续表

适宜性类别	开发定位	区域特征		主体功能
基本适宜	限制开发	发展潜力＝3	环境承载力≥3	限制开发Ⅲ（开发备用）
		发展潜力≥4	环境承载力＝3	限制开发Ⅳ（适度开发）
较适宜	重点开发	环境承载力≥4		重点开发
		发展潜力≥4		

表 7-4   **主体功能识别矩阵分类**

环境承载力等级　　　　　　发展潜力等级	高（5）	较高（4）	中等（3）	较低（2）	极低（1）
高（5）	重点开发		限制开发Ⅳ（适度开发）	限制开发Ⅱ（生态保育）	禁止开发
较高（4）					
中等（3）	限制开发Ⅲ（开发备用）				
较低（2）	限制开发Ⅰ（农业保障）				
极低（1）					

7.1.3 合理性分析与重点调控区域识别

将 4.3.1 中 2000—2008 年城市空间增长的强度指数与城市空间增长的主体功能进行叠加，分析快速城市化阶段城市空间增长的合理性。设置不同的城市空间增长等级标准，识别不同调控情景下，在禁止开发与各类限制开发功能区内，由于增长强度不符合主体功能的要求而需要重点调控的区域。

城市空间增长强度指数采用 4.3.1 中的城乡建设用地增长强度以及工业用地增长强度（空间插值结果）相应评价等级：急速（5）、快速（4）、中速（3）、低速（2）、缓慢或无增长（1）为分析依据。与网格单元赋值相比，采用空间插值一方面可以提高结果分辨率（25 米×25 米），且与主体功能的识别结果空间单元一致，有利于进行进一步的叠置分析；另一方面还可以实现对网格化的城市空间增长强度的空间预测与聚类，提供较为连续的城市空间增长强度空间表达，更适合重点调控区域识别这一自下而上的区域划分过程。

此处共设置两个情景：中力度调控情景与高力度调控情景。通过设定相应的城市空间增长强度指数等级标准，来反映不同情景下的调控力度（见表 7 - 5）。针对限制开发区域，在中力度调控情景下，认为增长强度大于等于"快速"的区域为增长不合理区域。在高力度情景下，认为增长强度大于等于"快速"的区域为增长不合理区域。对禁止开发区域则不设置情景分类，认为一旦区域内的增长强度大于等于"中等"，则应当判定为不合理。

运用序列组合法，进一步将增长不合理区域归类为 3 种重点调控区域，分别为警戒区域、控制区域及优化开发区域（见表 7 - 5），并提出针对性空间管治策略。

表 7 - 5　　　　　　　　　　重点调控区域识别方法

重点调控区域	适宜性类别	主体功能	增长强度满足条件	
			中力度调控情景	高力度调控情景
警戒区域	不适宜	禁止开发	城乡建设用地增长强度≥中速（3） 工业园区用地增长速度≥中速（3）	
控制区域	不适宜/较不适宜	限制开发Ⅰ农业保障	城乡建设用地增长强度≥快速（4） 工业园区用地增长强度≥快速（4）	城乡建设用地增长强度≥中速（3） 工业园区用地增长强度≥快速（3）
		限制开发Ⅱ生态保育		
优化开发区域	基本适宜	限制开发Ⅲ开发备用		
		限制开发Ⅳ适度开发		

警戒区域：警戒区域是指城市空间增长的强度远超过区域环境承载能力，已严重威胁到区域主体功能的正常发挥的地区。当区域城市空间增长适宜性为不适宜且主体功能为禁止开发时，表明区域环境承载能力极低，需要得到严格的保护。若该区域内存在中等速度以上的城市空间增长现象，需将相应区域划定为警戒区域，禁止进一步的城市空间增长与开发活动。

控制区域：控制区域是指在不适宜/较不适宜城市空间增长的区域内，存在不符合主体功能定位的、强度较高的城市与工业化开发现象的地区。当城市空间增长的主体功能为"限制开发Ⅰ"时，表明该区域应以农业保障为主要定位。若该区域内存在过高强度的城市建设开发活动（中力度时城市空间增长强度≥快速、高力度时城市空间增长强度≥中等），应予以严格控制，防止大规模的城市建设开发影响其主体功能的正常发挥。当城市空间增长的主体功能为"限制开发Ⅱ"时，表明该区域的环境承载力与发展潜力均较低，不适宜大规模的城市与工业开发活动。若该区域城市空间增长强度过高（中力度时城市空间增长强度≥快速、高力度时城市空间增长强度≥中等），表明目前的城市空间增长强度极不合理，城市化与工业化开发的环境成本与社会经济成本均过高，应予以严格控制。

优化开发区域：优化开发区域是指城市空间增长的基本适宜区域内，存在不符合主体功能定位的、强度较高的城市化与工业化开发现象的地区。这部分区域的主体功能为适度开发或者开发备用，表明其开发条件优于"限制开发Ⅰ"或者"限制开发Ⅱ"，但是对大规模的城市建设开发仍存在较高的环境承载力与开发成本约束。若区域当前的空间增长强度过高（中力度时城市空间增长强度≥快速、高力度时城市空间增长强度≥中等），其城市化与工业化开发应当严格控制规模与强度，以适度开发、优化提升为主体定位，提高资源配置效率。

7.1.1—7.1.3 中的适宜性分类、主体功能以及重点调控区域识别均通过ArcGIS 的 Spatial Analyst Tools 以及 Erdas 的 Knowledge Classifier Module、Model Engineering 功能完成。

7.2　主体功能识别结果

7.2.1　适宜性分类结果

将环境承载力与发展潜力的等级分类结果进行叠置分析，根据表7-1的分类评价矩阵，得出研究区域城市空间增长的适宜性分类结果（见表7-6、图7-1）。因农场缺乏发展潜力评价数据，故未包括在适宜性分析结果中。

表 7 - 6　　　　　　　　　研究区域城市空间增长的适宜性分类结果

适宜性类别	面积（平方千米）	占研究区域比例（%）*
不适宜（1）	404.77	11.47
较不适宜（2）	2 221.30	62.96
基本适宜（3）	645.95	18.31
较适宜（4）	255.98	7.26

* 农场面积除外。

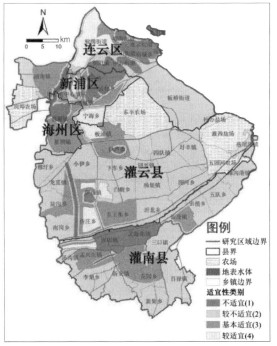

图 7 - 1　城市空间增长适宜性分类结果

　　结果显示，研究区域内（除农场外）较适宜未来城市空间增长的区域面积为 255.98 平方千米，占研究区域总面积的 7.26%，主要分布在连云区北部沿海区域（猴嘴街道）、新浦区中心区域以及南部与灌云县交界处的宁海乡和板浦镇。此外，还包括灌云县伊山镇东北部外围区域以及侍庄乡。这一区域具有较好的社会经济发展背景与区位优势，属于目前城市中心区域的周边组团，有利于接受现有城市发展基础的辐射，互补发展能力较强。此外，该区域不属于环境敏感区，生态系统服务功能的重要性较低，因而对未来社会经济发展的约束作用也较小，最适合承载未来较高强度的城市与工业开发。

基本适宜未来城市空间增长的区域面积为 645.95 平方千米，占研究区域总面积的 18.31%，主要包括新浦、海州区大部分区域以及灌云县与新浦区北部交界区域（包括板浦镇、伊芦乡）和灌云县伊山镇西部外围区域（陡沟乡）、东王集乡；灌南县孟兴庄镇、新安镇、花园乡以及长茂镇。从空间分布上，基本适宜类区域主要位于较适宜类的周边地区，属较适宜与较不适宜地区之间的缓冲地带。这一区域主要包括两类：一类是目前城市化水平相对较高的城市地区（如新浦区、海州区大部分区域），其社会经济发展基础较好，现有开发强度并未超过环境承载能力，尚余未来适度开发的空间；另一类是灌云县及灌南县中心区域的周边地区，可作为未来城市空间增长的后备用地适时开发。

研究区域大部分地区较不适宜未来城市空间增长，面积为 2 221.3 平方千米，占 62.96%，主要分布在连云区东部沿海地区（板桥街道）以及灌云县灌南县除中心区域外的大部分地区。这一区域目前主要以农业生产为主，没有形成明显的人口集聚区域，不具备明显的发展潜力，未来城市空间增长的适宜性较低，生态服务重要性较高，并不适宜作为大规模城市开发的首选用地。

区域内不适宜未来城市空间增长、需要得到严格的保护的地区面积为 404.77 平方千米，占研究区域总面积的 11.47%，主要包括云台山自然保护区、花果山地质公园、新沂河洪水调蓄区等重要生态功能区及其缓冲区范围，以及由于发展潜力评分极低而不具备未来城市空间增长优势的张店镇和北陈集镇。这一区域的生态服务功能重要性及环境敏感性均较高，应当严格控制开发强度，并适度进行人口迁移和生态系统修复。

从各类适宜性用地的面积比例来看，不适宜与较不适宜未来城市空间增长的用地占据了研究区域面积的绝大部分，达到 74.43%。较适宜未来城市空间增长的区域面积远小于 2008 年城市建设用地面积，基本适宜与较适宜两类用地面积的总和也仅略大于 2008 年城市建设用地面积。这一分析结果表明，研究区域存在过度、低效率的城市空间增长情况，未来城市空间增长需要在进一步识别区域主体功能的基础上进行合理调控。

7.2.2　主体功能识别结果

在分析区域对未来城市空间增长适宜性等级的基础上，根据表 7 - 3 与表

7-4 的判别标准，进一步识别各不同适宜性类别区域对应的主体功能。为保持空间主体功能的连续性，提高调控措施的可操作性，对适宜性叠置分析与主体功能类型识别过程中产生的小图斑（面积<5平方千米）进行聚类处理。

考虑到农场单元以农业开发为主的区域特征，应归类为不适宜/较不适宜未来城市化开发。其主体功能应主要考虑环境承载力的影响，利用主导因素法进行识别。当农场单元空间范围内环境承载力为"极低"时，主体功能定位判别为禁止开发；当环境承载力为"低"时，主体功能判别为"限制开发Ⅱ"类，以生态保育为主；当环境承载力为"中等"或者"较高"时，主体功能判别为"限制开发Ⅰ"类，以农业开发为主；当环境承载力为"最高"时，判定为"限制开发Ⅲ"类，这一区域可作为未来开发备用地，但近期开发功能仍以农业开发为主。农场主体功能进行叠加后的研究区域城市空间增长的主体功能识别结果见图7-2和表7-7。

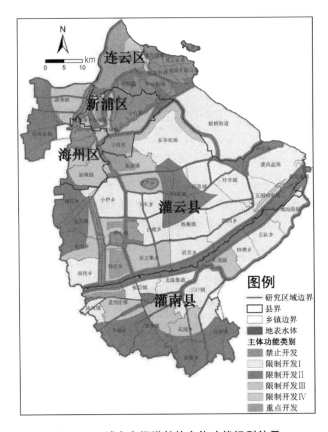

图7-2 城市空间增长的主体功能识别结果

表 7 - 7　　　　　　　　　　城市空间增长的主体功能识别结果

主体功能类别	面积（平方千米）	占研究区域比例（%）
禁止开发	291.72	7.20
限制开发 I	1 357.16	33.48
限制开发 II	1 448.73	35.74
限制开发 III	480.65	11.86
限制开发 IV	219.11	5.41
重点开发	255.81	6.31

禁止开发区域是指环境承载力极低，生态服务功能重要性较高，需要严格保护使其发挥特殊功能的区域，禁止进行大规模、高强度的城市与工业开发活动。研究区域内的禁止开发区识别结果为云台山自然保护区、森林公园、地质公园、风景名胜区及其周边 500 米缓冲范围，水源通道保护区及两岸 500 米缓冲范围，保护型河流（盐河、蔷薇河）及两岸 500 米缓冲范围。该区域应当进行严格的土地利用管制，鼓励现有企业和居住人口迁出，严禁不符合功能定位的开发建设活动，维护区域生态功能的完整性，促进生态环境的改善。在此前提下，可以适度发展观光旅游业，以带动区域经济发展，缩小当地居民生活福利与其他区域的差距。

重点开发区域是指环境承载力和社会经济发展条件均较好，较适宜作为未来经济与人口集聚的区域，主要集中分布在连云区北部沿海的猴嘴街道以及新浦区宁海乡及毗邻的板浦镇西部地区、灌云县伊山镇东北部及侍庄乡。这类区域位于经济与社会聚集中心周边地区，发展基础较好，同时没有明显的生态环境制约，经济开发成本低、效益高，未来发展潜力大，适宜进行大规模的工业与城市化开发建设，是布局未来新的城市开发、承接限制开发和禁止开发区域人口与经济转移的理想区域。

限制开发是指由于环境承载能力较低或承载大规模经济与人口集中的能力不够突出而不适宜作为未来城市与工业开发优先考虑的区域。限制开发并不代表限制发展，而是应当在符合区域主体功能定位的前提下，进行适度的开发。基于维护区域生态环境的需要，对开发的内容、方式和强度进行严格的界定与约束。限制开发区域是研究区域分布最广泛的主体功能区类型，主要分布在城区禁止开发区的外围，以及县域除中心城镇区域的大部分地区。由于限制开发区域覆盖范围较广，区内由于自然条件、发展潜力以及环境制约因素的差异，根据不同的环境承载力和发展潜力等级组合，进一步分为四个不同功能的亚区（见表 7-8）。

表 7-8   各限制开发亚区主体功能类别及分布

主体功能类别	区域特征	分布范围
限制开发 I（农业保障）	远离城市中心区域，位于重点开发及生态敏感区外围；发展潜力较低、生态环境约束力较小；以服务于农业发展、粮食供给和农业生态建设为主的区域	灌云县东部沿海、中部地区以及灌河两侧乡镇，主要包括：板桥街道、灌西盐场、东辛农场、圩丰镇、四队镇、图河乡、堆沟港镇、五队乡、田楼乡、杨集镇、沂北乡、白蚬乡、下车乡、小伊乡、南岗乡、汤沟镇、张店镇、北陈集镇、三口镇
限制开发 II（生态保育）	社会经济发展条件欠佳，生态环境保护价值较高，应长期限制大规模城市开发，以维护和恢复森林生态系统功能以及水体环境保护为重点的区域	云台山自然保护区周边 1 000 米缓冲区、水源保护通道（蔷薇河）两侧 1 000 米缓冲区、重要湿地 500 米缓冲区，以及岗埠农场、穆圩乡、龙苴镇、同兴镇、李集乡、新集乡、百禄镇、新安镇东部地区
限制开发 III（开发备用）	环境约束力较小，但是社会经济发展条件一般，不具备明确的开发定位，在保持环境承载力不降低的前提下可作为未来以开发定位为主的备用区域	东辛农场烧香河两侧 500—10 000 米区域、浦南镇、新坝镇、陡沟乡东南部地区、东王集乡、伊芦乡、长茂镇、花园乡以及新安镇北部地区
限制开发 IV（适度开发）	具有一定的社会经济发展条件，环境约束力中等，可以在生态环境承载力允许的前提下进行适当规模的城市化开发	新浦区南城镇、海州区锦萍镇南部地区、灌云县板浦镇东部地区、伊山镇与侍庄乡西部盐河沿岸地区及灌南县孟兴庄镇

7.2.3 合理性分析与重点调控区域识别

中力度与高力度调控情景下未来城市空间增长重点调控区域的识别结果分别见图 7-3 与图 7-4。各区域面积及比例见表 7-9。

表 7 - 9   重点调控区域识别结果

调控区域类别	面积（平方千米）		占研究区域比例（%）		占对应主体功能区比例（%）	
	中力度	高力度	中力度	高力度	中力度	高力度
警戒区域	96.78		2.39%		33.14%	
控制区域	198.35	1 336.33	4.89%	32.97%	7.06%	47.63%
优化开发区	24.45	179.16	0.60%	4.42%	3.49%	25.60%

警戒区域是指主体功能属禁止开发，由于存在不符合区域功能定位的高强度城市空间增长现象而存在较高环境风险的区域。在中力度与高力度调控情景下警戒区域的范围一致，总面积为 96.78 平方千米，占禁止开发区域的 33.14%，即三分之一的禁止开发区处在高强度城市空间增长所带来的辐射影响下。警戒区主要分布在四大区域，包括在工业区较为集中的云台山自然保护区西南部及东部沿海地区、花果山地质公园东部与市区接壤区域、锦屏山北部与中心城区毗邻区域、灌云县伊山镇大伊山地区和叮当河水源通道保护区。这些区域位于 2000—2008 年快速城市化阶段高强度城市空间增长，特别是工业园区用地快速增长区域的辐射影响范围内（见图 7 - 3—图 7 - 4）。警戒区的识别结果表明在快速城市化发展阶段，工业园区建设的选址与强度都不合理，对区域敏感保护目标带来了较大的压力。这一区域应当禁止进一步的城市与工业开发，在维持区域的生态环境质量的前提下，对区内现有不符合主体功能定位的工业生产实施必要的管治或搬迁。

控制区域是指"限制开发区Ⅰ"（农业保障）或者"限制开发区Ⅱ"（生态保育）内由于现有城市空间增长强度过高而需要重点控制的区域。在中力度调控情景下，控制区域主要分布在花果山地质公园西侧与新浦区、连云区交界区域；板桥工业园、东辛农场东部与板桥街道接壤地区；灌西盐场与东滩湿地毗邻区域以及燕尾港镇、堆沟港镇大部分地区，总面积为 198.35 平方千米，占研究区域总面积的 4.89%，占对应主体功能区面积的 7.06%。在高力度调控情景下，除上述区域外，控制区域覆盖范围扩大到从花果山到云台山自然保护区之间与猴嘴街道接壤的缓冲区域；灌云县东部沿海地区扩大到灌西盐场、东辛农场大部分地区及板桥街道、圩丰镇沿河区域；204 国道两侧乡镇区域由小伊乡、下车乡向南直至灌南县张店镇；还包括灌南县新安镇西南部沿河部分地区。

在中力度调控情景下，控制区域主要集中在东部沿海以及中心城区与花果山地质公园交界范围，尚属点状分布，反映了当前城市空间增长与区域主

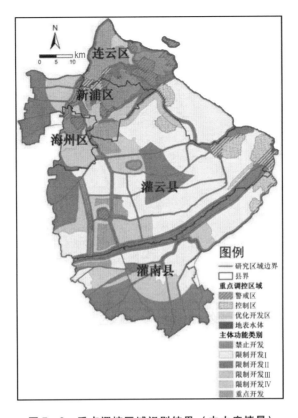

图 7 - 3　重点调控区域识别结果（中力度情景）

体功能相互矛盾较为突出的区域。在高力度调控情景下，城市空间增长区域
则演变为沿干道、河流及保护区周边等线状、面状的分布格局，反映出在城
市空间增长压力的累积与辐射影响下，未来城市空间增长潜力较高且需要重
点调控的区域。

控制区域是重点调控区域三大类型中分布最广的一类地区，特别是在高
力度调控情景下，总面积为 1 336.33 平方千米，占对应主体功能区面积的
47.63%，占研究区域总面积的 32.97%。结果表明，研究区域在快速城市化
时段新增的城市空间增长用地与区域的环境承载力之间的矛盾非常突出，在
不适宜大规模进行城市化开发的区域存在较大规模与较高强度的城市土地开
发活动。未来区域近三分之一的土地面临较大的开发压力，存在较高的环境
风险。因此，这部分区域内的城市开发活动必须得到严格、及时的控制，避
免目前城市化发展低效率、高成本的增长模式。县域的控制区面积远大于 3
个城区的控制区面积，表明在快速城市化阶段城区的可利用土地资源较少，

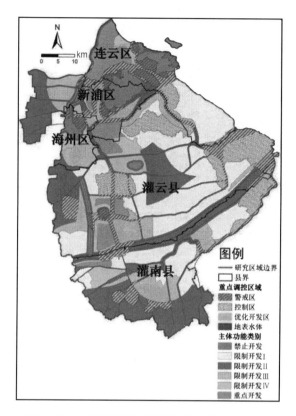

图 7-4 重点调控区域识别结果（高力度情景）

因此城市空间增长属高强度但较为紧凑的模式，大部分属于在已有城市中心区域周边以及城市边缘区的"溢出"式扩张；县域的新增城市空间增长用地则以占用沿海农田、盐田为代价，呈现快速、低密度蔓延的趋势，这一结果也与第4章中城市空间增长模式的结论相符合。

优化开发区是指在"限制开发Ⅲ"（开发备用）及"限制开发Ⅳ"（适度开发）功能区内，由于现有开发密度过高而不符合区域主体功能定位的重点调控区域。在中力度调控情境下，优化开发区域面积较小，主要位于中心城区与宁海乡、花果山之间的南城镇部分区域，面积为24.45平方千米，占对应主体功能区面积的3.49%。高力度调控情境下，优化开发区域还包括花果山与东辛农场之间的部分区域、海州区新坝镇中心区域、灌云县东王集乡及灌南县花园乡部分区域，总面积179.16平方千米，占对应主体功能区面积的25.60%。优化开发区总面积较小，大部分分布在控制区域与非重点调控区域之间的缓冲区，表明在"限制开发Ⅲ"与"限制开发Ⅳ"类型区内的过度城市空间增长比例较小。这两类区域多位于现有城市空间增长中心的周边区域，在发展潜力与环境承载力方面具有相对优势，在承接适度城市开发方面尚存在一定的空间。这一结果表明，在快速城市化阶段，研究区域内的城市空间增长，特别是高强度的城市与工业开发是空间上不连续、跳跃式的布局，绝大部分高强度的城市空间增长区域选址不合理，存在较高程度的土地资源浪费，提升了城市化发展的土地与环境成本。

综上所述，对研究区域工业园区用地分布及合理性分析的结果如表 7 - 10 所示。

表 7 - 10 工业园区用地空间增长合理性分析

编号	园区名称	所属功能区 （按比重高低排序）	是否属重点调控区域
1	连云港高新技术产业园区	重点开发、限制开发Ⅳ	部分属控制区域
2	浦南开发区	限制开发Ⅲ	否
3	海宁工贸园	重点开发	否
4	大浦化工区	重点开发	否
5	连云港经济技术开发区※	限制开发Ⅱ	警戒区域
6	连云港出口加工区※	东区：重点开发、限制开发Ⅳ 西区：限制开发Ⅱ	东区：部分属优化开发区域（高力度）；西区：控制区域（高力度）
7	临港产业区	重点开发区	否
8	板桥工业园※	限制开发Ⅰ	控制区域
9	中云台物流园区	限制开发Ⅱ	否
10	港口保税物流园区※	限制开发Ⅱ	控制区域
11	徐圩钢铁产业园	限制开发Ⅰ	否
12	徐圩石化产业园	限制开发Ⅰ	否
13	海州经济开发区	限制开发Ⅳ	优化开发区域
14	灌云经济开发区	重点开发区	否
15	灌南经济开发区※	限制开发Ⅱ	控制区域（高力度）
16	连云港化工产业园区※	限制开发Ⅰ	控制区域

注：第 11 - 12 行为规划中工业园区，※表示园区选址不合理。

7.3 主体功能与土地利用耦合度分析

7.3.1 各类主体功能区土地利用类型组成

对各类主体功能区中土地利用类型组分进行分析，结果如表 7 - 11 及图 7 - 5 所示。

表 7 - 11　　　　　各类主体功能区中土地利用类型组成　　　（单位：%）

土地利用类型	禁止开发区	限制开发区				重点开发区
		Ⅰ农业保障	Ⅱ生态保育	Ⅲ开发备用	Ⅳ适度开发	
水田	12.04	49.10	53.35	57.77	40.01	30.68
旱地	8.33	19.15	16.13	22.27	23.49	11.59
山体	56.43	0.02	0.30	0.02	0.45	0.00
城乡建设用地	17.33	14.11	19.15	17.65	23.81	21.41
工业园区	1.04	1.66	1.83	0.43	3.66	9.03
水体	4.50	2.04	7.05	1.76	1.86	0.73
滩涂	0.23	0.75	0.46	0.00	6.52	7.09
盐田	0.09	13.17	1.73	0.10	0.21	19.47

禁止开发区中山体与农田、旱地占绝大部分，比例分别为 56.43%、12.04% 与 8.33%，这与研究区域内禁止开发区大部分分布在山地区域相符合。在禁止开发区内还存在一定比例的城乡建设用地，占 17.33%。该部分建设用地部分不符合禁止开发区的功能定位（连云经济开发区），应当将其搬迁至适宜的主体功能区。

限制开发区四种主体功能区内，农田与旱地均为比重最大的土地利用类型，其次为城乡建设用地，其比例在"限制开发Ⅰ"中最低，"限制开发Ⅳ"中最高。此外，在"限制开发Ⅰ"与"限制开发Ⅱ"类中，还分别存在一定比例的盐田（13.17%）与水体（7.05%）。不同限制开发区内的土地利用结构与各功能区的特征相符合，表明本书采用的方法能够较好地识别不同限制开发功能区之间的差异。

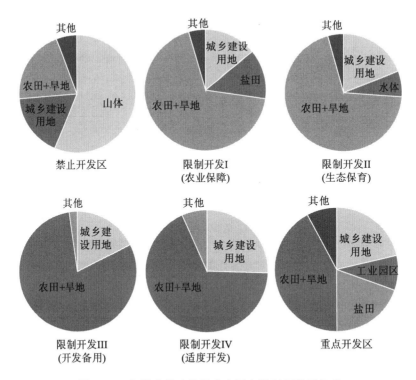

图 7 - 5   各类主体功能区中主要土地利用类型组成

重点开发区内主要土地利用类型较其他主体功能丰富，依次为水田与旱地（42.27%）、城乡建设用地（21.41%）、盐田（19.47%）、工业园区（9.03%）以及其他（水体与滩涂，7.82%）。其中，盐田主要位于猴嘴街道，该区域发展潜力与环境承载力均较高，较适宜未来城市开发。工业园区比重较高则是由于一方面重点开发区域总面积相对较小，另一方面重点开发区内集中了几大主要工业园区，如连云港高新技术产业园区、大浦化工、灌云经济开发区、海州经济开发区、海宁工贸园。虽然重点开发区域内部尚存在部分未利用土地适宜未来城市与工业开发，但该区域已经承载了研究时段内（2000—2008年）新建工业园总面积的40%左右，此外，规划中的临港产业园区也选址于该区域内。结果表明，近年来工业园区的发展呈现快速、大规模、低密度的扩张特点，占用了大量可利用土地资源，使得重点开发区内未来布局城市建设用地及工业用地的空间较小。

7.3.2 重点调控区土地利用类型组成

进一步对 3 类重点调控区域（高力度）内的土地利用类型组成进行分析，结果如表 7 - 12 及图 7 - 6 所示。

表 7 - 12　　　　　　　调控区域（高力度）中土地利用类型组分　　　　　（单位:%）

土地利用类型	警戒区	控制区	优化开发区
水田	9.55	33.83	43.37
旱地	9.86	16.69	20.98
山体	51.28	0.44	0.45
城乡建设用地	22.92	26.58	28.91
工业园区	2.30	5.44	2.18
水体	3.59	6.17	2.17
滩涂	0.25	0.75	1.75
盐田	0.25	10.08	0.19

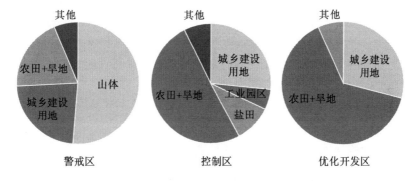

图 7 - 6　重点调控区中主要土地利用类型组成

警戒区中除大面积的山体外，还存在一定比例（22.92%）的城乡建设用地。这部分区域主要包括连云经济开发区和连云经济技术开发区的部分用地，以及城镇居民点和其他零星工矿企业用地。其中，连云经济开发区位于禁止开发区内，需对其进行搬迁整治。其他区域应当严格控制城市空间增长速度与开发类型，严禁不符合主体功能定位的工业用地扩张。

控制区域中土地利用类型较为多样，除较大面积农田、旱地外，还存在一定比例的城乡建设用地（26.58%）以及较高比例的盐田（10.08%）与工业园区用地（5.44%）。城乡建设用地除在花果山与中心城区之间、锦屏山与灌云县中心城镇之间较为密集外，其他为分散的居住用地及工矿企业用地。工业园区用地集中分布在花果山与中心城区之间、锦屏山与灌云县中心城镇之间，包括位于云台山与花果山之间区域的连云港出口加工区、连云港经济技术开发区，以及东部沿海地区的板桥工业园、连云港化工产业园区。盐田主要包括两部分：一部分是灌云县东滩湿地及灌西盐场大部分区域；另一部分位于板桥工业园东部烧香河两岸。上述盐田均位于快速扩张建设中的工业园区附近，生态环境较为敏感，因而成为未来城市空间增长需要重点调控的区域。分析结果表明，快速城市化阶段城市空间增长，特别是工业园区扩张，主要是以沿海开发为导向，以大面积的开发利用沿海盐田为途径。工业园区虽然在近年来快速扩张，但其选址并不符合区域主体功能的要求，对区域内需要优先保护的盐田及农田生态系统带来了较大的风险。

优化开发区的土地利用组分较为单一，主要包括大面积的农田、旱地以及部分城乡建设用地。目前该区域的工业发展速度较慢，但由于这部分区域面积较小且位于城市中心区域附近，未来发展潜力较高的同时也面临发展空间较小的限制。因此，区域未来的城市化开发应当以优化提升为导向，提高土地利用效率。

7.3.3 主体功能区与土地利用结构的耦合度

对主要土地利用类型（水田、旱地、山体、城乡建设用地、工业园区、水体、滩涂、盐田）在各主体功能区中的面积分布进行统计，分析土地利用结构与主体功能区的耦合关系，结果见表 7-13。

表 7-13　　　　主要土地利用类型在各主体功能区中的分布　　（单位:%）

主体功能区		水田	旱地	山体	城乡建设用地	工业园区	水体	滩涂	盐田
禁止开发区		1.83	3.46	96.65	7.12	3.62	8.19	1.43	0.11
限制开发区	Ⅰ农业保障	34.21	36.48	0.13	26.65	26.60	17.08	21.25	70.37
	Ⅱ生态保育	41.71	34.48	2.67	40.57	32.81	66.14	14.71	10.38
	Ⅲ开发备用	14.41	15.19	0.05	11.93	2.46	5.26	0.00	0.20
	Ⅳ适度开发	3.99	6.40	0.50	6.43	8.39	2.22	26.39	0.16
重点开发区		3.86	3.98	0.00	7.30	26.12	1.10	36.22	18.78

水田与旱地集中分布在限制开发Ⅰ（农业保障）与限制开发Ⅱ（生态保育）类区域中，分别占34.21%（水田）和36.48%（旱地），以及41.71%（农田）和34.48%（旱地），两者合计达75.92%（水田）与70.96%（旱地）。这部分区域都应当限制大规模的城市开发建设，在限制开发Ⅰ类区域中的农田应以农业生产活动为主，鼓励农业生态基础设施建设，提高粮食生产能力。在限制开发Ⅱ类区域中的农田应当着重农田生态系统保护，构建城市开发区与农业开发区之间的缓冲区域，保护区域的生态功能不受到影响。总体来看，农业用地比重与区域主体功能定位相符合，表明本书可以较好地识别以农业开发功能为主的区域，并且在此基础上进一步细分不同区域的主体功能定位。

山体高度集中于禁止开发区域，占96.65%，其他区域比例很少，这一结果符合研究区域本底特征。该区域是自然保护区、风景名胜区等需要特殊保护区域集中的地区，应当禁止大规模的城市开发，加强生态基础设施建设，保护自然与文化遗产，防止环境质量下降及生态退化。

城乡建设用地分布则与以开发为导向的主体功能区域耦合度较低，绝大部分城乡建设用地分布在限制开发Ⅰ类与限制开发Ⅱ类主体功能区中。这一结果表明，区域在研究时段内的城市空间增长选址与区域的环境承载能力、发展潜力不符，城市化开发以降低区域的环境质量为代价，并对农田生态系统带来较大压力。虽然目前城乡建设用地在重点开发区中分布比例较小，仅占7.30%，表明重点开发区域并未成为城市空间增长的主要区域，但由于重点开发区域总面积相对较小，且工业用地密度较大，未来城市化与工业化开发的空间较小。

与城乡建设用地格局类似，工业园区用地也有59.41%分布在限制开发Ⅰ类与限制开发Ⅱ类主体功能区中，代表研究区域约半数以上的工业园区用地不符合区域的主体功能定位。其中，32.81%的工业用地布局在生态环境较为脆弱的限制开发Ⅱ类区域中，这部分工业用地应当禁止继续无序扩张，并对现有企业进行产业升级与改造，尽力避免进一步降低区域环境承载力。

水体大部分区域属限制开发Ⅱ类，占66.14%，其次有17.08%分布在限制开发Ⅰ类中，其他类型主体功能区中分布比例较小。这表明，研究区域内大部分水体为保护型河流，区域的水环境承载能力总体较低，较不适宜发展对水环境容量需求较高的产业，应加强河道生态基础设施建设，保护河流生态系统功能不受破坏。

滩涂主要集中在猴嘴街道东北部沿海区域，这部分区域由于区位条件优

越，大部分属于以开发为导向的重点开发区与限制开发Ⅳ类区域，分别占
36.22%与26.39%。但由于土地利用成本限制，较不适宜作为大规模城市与工业
开发用地，应在进行合理评估的基础上适度进行农牧业、港口与旅游资源开发。

盐田绝大部分分布在限制开发Ⅰ类区域中，占70.37%。此外，还有部分
分布于重点开发区与限制开发Ⅱ类区域，分别占18.78%与10.38%。大部分
盐田区域较不适宜大规模的城市化与工业化开发，盐田的空间分布格局与主
体功能区划分结果存在较强耦合关系。较适宜未来城市空间增长的盐田区域
位于猴嘴街道，而这一区域也已经被纳入近期城市开发，大部分地区将作为
临港产业区的选址区域而进行工业园区建设。

进一步提取各土地利用类型在三类重点调控区域（高力度调控情景）中
的分布比例（见表7-14）。其中，分布于控制区内的农田与旱地分别占总面
积的11.31%与15.26%，这部分区域应当严格控制未来城市空间增长强度，
避免农业用地大规模转化为建设用地。此外，约有三分之一的山体位于警戒
区域内，表明这部分区域及周边地区面临较大的城市与工业开发压力，生态
服务功能较易受到影响，应当严格监控周边区域的开发活动，对开发的内容
与强度进行严格控制，以符合区域主体功能定位。城乡建设用地与工业用地
有较大比重分布在控制区内，分别占24.09%与41.80%，表明区域有相当一
部分城市空间增长与工业化开发选址不合理，对周边区域的生态环境系统带
来较大风险。盐田区域中有25.86%、滩涂有10.21%分布在控制区，这也进
一步说明工业园区的大规模无序开发对沿海地区的滩涂、盐田资源的合理利
用产生了较大压力。

表7-14　　　主要土地利用类型在各重点调控区域中的分布　　（单位:%）

重点调控区域	水田	旱地	山体	城乡建设用地	工业园区	水体	滩涂	盐田
警戒区	0.50	1.41	30.17	3.24	2.76	2.24	0.52	0.10
控制区	11.31	15.26	1.67	24.09	41.80	24.78	10.21	25.86
优化开发区	4.23	5.60	0.49	7.65	4.89	2.54	6.96	0.14

总体来看，区域土地利用结构与各主体功能区特征耦合度较好，并能体
现区域现有城市空间增长模式存在的问题以及未来增长的空间，表明本书采
用的功能区识别理论与方法能够客观体现区域城市空间增长的情况特征与制
约因素。

7.4 调控策略

对城市空间增长的调控是一个较为复杂的系统工程，涵盖社会、经济、资源、环境、人口以及公共服务等多个方面，涉及行政体制、财政、法制等各类政策的统筹与协调。借鉴国内外城市空间增长调控理念与实践，基于上述研究结论，本书首先从空间结构上对未来社会生产力的空间布局优化，为提升资源配置效率提供依据。为使未来由于城市空间增长带来的社会经济活动与人口流动符合各主体功能区的要求，本书着重从人口流动、产业发展、土地利用以及环境保护四个方面对未来城市空间增长的调控提出相应的政策框架建议。

7.4.1 城镇体系

城镇单元是区域社会经济活动布局的主要载体，也是环境管理的基本行政单元，根据区域主体功能区识别的结果，研究区域的城镇空间结构可构建为"单轴线、双中心、三组团、两带五片区"的空间结构（见图7-7）。

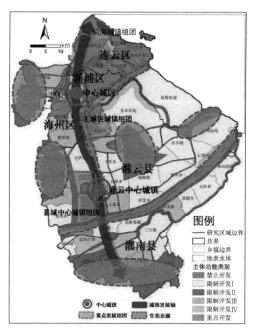

图7-7 基于主体功能的城镇体系空间布局

"单轴线"是指研究区域的城市空间结构以从连云区东部沿海地区到中心城区并沿宁连高速和204国道向南延伸的连线为城市发展主轴。这条轴线两侧社会经济发展优势明显，环境敏感性较低，未来区域的城镇发展及公共设施建设应当主要围绕这一主轴线进行。

"双中心"是指研究区域内以连云港中心城区和灌云县伊山镇为两大发展核心，向外辐射延伸的空间中心结构。有别于单中心的空间结构，这两个发展中心在同样担任市区/县域核心的同时，在功能上及未来发展定位上亦有区别。中心城区的应采取紧凑型复兴开发策略，定位为城区政治、文化中心，云台山、花果山旅游业发展的重要节点；将城市空间增长的范围控制在适宜的主体功能区内，实现紧凑型发展；通过完善公共服务网络，提升城区功能与品质，鼓励现有建设用地的优化再开发，进行适当政策倾斜（提供公共投资或者津贴）以提高土地利用效益。灌云县伊山镇则以新兴县域中心城镇为定位，加强基础设施建设，实施促进城镇发展的优惠政策及配套措施，强化辐射带动影响力，促进就业供给增加，带动周边乡村发展，在发挥其集聚效应的同时应严格控制土地利用效率，防止新区建设蔓延式增长。

"三组团"则是指围绕两个发展核心，重点开发区相对集中的三大优先发展片区，分别是以连云区猴嘴街道为重点的北部沿海城镇组团、以中心城区及南部宁海乡为核心的中部主城区城镇组团，以及以灌云县伊山镇为圆心的县域中心城镇组团。北部沿海城镇组团应以猴嘴街道为中心，借助中心城区交通及各项设施的延伸配套，重点发展物流和新型工业园区，促进各大产业园区的资源共享与整合，并接纳周边重点调控区域中不符合主体功能定位的企业搬迁入驻。中部主城区城镇组团以中心城区为核心，以南部毗邻的宁海乡、板浦镇为支撑，构建主副城一体的空间结构。完善主城区功能的同时，在南部区域建成商贸服务中心及旅游服务基地，成为联系城乡的主要节点。县域中心城镇组团则侧重构建县域新城，以伊山镇、侍庄乡为主要依托，以204国道为主要发展轴，加大基础设施投资，积极吸纳县域零散的商贸服务以及工矿企业，着力发展农副产品加工和乡镇企业，构建布局合理、规模适度的新兴辅城，并带动灌云、灌南两县片区快速发展。

"两带五片区"是指以生态保育为主体功能的限制开发Ⅱ类区域，形成主城与周边组团之间具有生态意义的"阻隔"。"两带"主要包括以云台山自然保护区、花果山地质公园及周边缓冲区为主体并向南延伸至盐河两岸的缓冲保护带以及横贯研究区域东西方向的灌河及两侧缓冲带。"五片"则是分布在研究区域东、西、南、北以及中部地区环境承载能力较低，适宜以生态环境维持、生态农业、观光农业开发为主的乡镇及农场，包括岗埠农场、穆圩乡、龙苴镇、陡沟乡、李集乡、新安镇、新集乡、百禄镇、同兴镇以及东部灌西盐场和东滩湿地。这一区域承担区域水源保护、景观完整、水土保持等重要生态功能，应重点调整土地利用结构，实行低密度开发，提高绿地比率，严格限制重污染型产业的发展。

7.4.2 人口政策

城镇人口的发展与迁移随着城市化的发展具有时间上渐进、空间上递补的特点。人口由农村向城镇集中，有利于改善居住条件与环境，也推动城镇基础设施建设的完善，加速城市化进程。城市空间的增长与人口的迁移存在相互推动与影响的关系，应结合区域主体功能而采取相应的人口流动政策。

人口政策应以"区内集中、区外迁移"相结合为主要原则，适度加速人口向中心城镇转移，将警戒区域人口适度迁出。通过产业发展等措施鼓励警戒区域、限制开发区域，特别是重点调控区域中的人口向周边重点开发区和限制开发Ⅳ类区域集中，适当提高重点开发区及限制开发Ⅳ类区域人口密度，实现中心城镇点状开发。适度控制限制开发Ⅰ类与Ⅱ类区域人口集聚规模，有计划调减居住人口，防止区域"蔓延"式开发。

根据重点调控区域识别结果，近期调控重点为控制连云区东部沿海，特别是云台山自然保护区周边区域人口密度增速放缓，花果山乡警戒区域及控制区域人口适度向南城镇或宁海乡迁移集中。此外，还应严格控制东部沿海地区包括板桥街道、灌西盐场、燕尾港镇、堆沟港镇由于工业园区发展带来的人口增长，完善基础设施配套，促进人口相对集聚。远期调控重点除上述区域外，还应积极引导灌云县小伊乡、下车乡、陡沟乡人口向中心城镇集聚，控制灌南县新安城镇扩张速度，新建居民点尽量集中在重点开发与限制开发Ⅳ类区域。在促进人口集聚与迁移的过程中，应当积极完善就业、培训等服务平台，城镇基础设施应统一规划，并与人口集聚规模、城镇化水平相协调。

为增加人口政策对未来城市空间增长调控的针对性与可行性，在已有研究的基础上，对不同功能区所适宜的人口密度提供参考的调控指标。对城市发展的合理密度与规模的研究始于现代城市规划开创时期，霍华德曾在"花园城市"理念中提出居住区的适宜密度为 30 户/公顷,以单个家庭人口为 3.5 人计,约等同于 105 人/公顷。人口密度在一定范围内的增长有利于公共服务利用效率与社区文化交流(DETR,1999)。然而,随着交通网络体系的发展与完善,城市蔓延式扩张与发展,使得城市的人口密度特别是欧美国家的人口密集程度往往低于合理值。亚洲的城市发展则相对紧凑,人口密度较欧美国家高,如当城镇的别墅式住房占 50% 的比例时,日本的城市人口密度标准为 80—100 人/公顷(Kanemoto,1999)。对中国城市来说,人口密度往往高于欧美国家,但低于其他亚洲国家。有学者参照日本的居住密度标准,在不同住房类型(公寓式及别墅式)比例下,推算出中国城市"紧凑型"发展的适宜人口密度为 70—150 人/公顷(Dai et al.,2010)。连云港的城市规模在中国沿海城市中较小,2008 年连云港全市平均人口密度约为 6 人/公顷,其中中心城区人口密度为 53 人/公顷,而乡镇、街道最低人口密度不到 1 人/公顷。这表明,连云港的人口规模尚未达到"紧凑型"发展的标准,因此未来各功能区人口密度的增加尚存在一定空间。参考相关研究成果,结合连云港发展所处阶段和近年来人口增长速度,重点开发区人口密度可控制在 60 人/公顷以下,限制开发区Ⅰ类及限制开发区Ⅱ类区域人口密度可控制在 5—10 人/公顷;限制开发区Ⅲ类及限制开发区Ⅳ类区域人口密度可控制在 7—20 人/公顷。

7.4.3 产业政策

从连云港产业结构的演变来看,该地区产业结构长期以来以农业生产为主,直至 1996 年以后,工业才成为主导产业,第三产业比重也随之上升。我们对连云港已有主要产业及新兴产业的发展优势和发展效能两方面进行综合评价,明确未来产业发展方向和定位(见表 7 – 15)。产业的发展优势是指区域现有社会经济基础和资源环境条件对产业发展的支撑能力,从资源区位优势、发展基础、发展前景四个方面进行评估;产业的发展效能主要是指某一产业发展所产生的综合社会、经济和环境效益,包括经济增长、产业相关及环境效益三方面。

经过综合评估得出,化工、冶金等重工业等连云港传统优势产业,综合发展优势和发展效能都比较高。但是,由于产业环境效能较低,未来发展应设置准入标准,着重构建并延长产业链,借助沿海开发发展石化业的契机,

表 7 – 15　　　　　　　　研究区域主要产业发展优势及效能评估

产业类别	发展优势			发展效能		
	资源区位优势	发展基础	发展前景	经济增长	产业相关	环境效益
化工	√√	√√√	√√	√√√	√√	√
冶金	√√	√√	√√	√√√	√√	√
医药	√√	√√√	√√√	√√√	√√	√
新材料加工	√√	√	√√√	√√	√√	√√
新能源	√√√	√	√√√	√√	√√	√√√
食品	√√	√√√	√√	√√	√	√
纺织	√	√√	√√	√√	√	√
旅游	√√√	√	√√√	√√	√	√√√
机械	√	√√	√√	√√	√√	√
物流	√√√	√	√√√	√√	√√	√√√

注：√代表评估等级的高低。

促进产业之间的优势互补，实现资源的高效利用。在产业发展选址与发展用地规模上，应当进行严格控制，集中布局于现有板桥工业园区周边，适当依托连云港港和两翼港口群，避免产业用地在东部沿海地区大面积扩张。布局在禁止开发区以及限制开发Ⅱ类区域中的化工、冶金等重工业应逐步实施搬迁与调整。

医药与食品产业是连云港的特色优势产业，发展前景较好。未来应依托已有产业基础，优先在重点开发区布局药物制造、包装材料、医疗器械及食品制造产业，同时注重集聚型开发，引导投资投向能够实现产业升级和改造的开发项目。

新材料加工与新能源开发属刚起步的新兴产业，但发展前景与环境效益均较优，应实施鼓励产业投资的积极政策，促进产业集聚并适度鼓励相关园区建设。结合区域已有产业基础，可选择重点发展以封装材料为特色的新材料产业，以风力发电、太阳能利用为特色的新能源产业。

纺织和机械等传统产业应积极实现产业升级改造，其中中云街道的连云港出口加工区以及连云经济开发区、连云港经济技术开发区属警戒区域与控制区域，应控制已有规模不再继续扩张，并适当搬迁重污染企业至板桥工业园或猴嘴街道。

重点发展旅游、服务业及物流业等环境效益较高、区域优势较明显的产业。借助区域丰富的滨海旅游资源，以东部滩涂、连岛为主发展滨海度假开发；以云台山、花果山、锦屏山等为核心发展观光旅游；以临洪河、灌西盐田为重点发展湿地旅游；以生态农业和观光休闲为特色发展乡村旅游开发等。在中心城区南部新城以及灌云中心城镇区积极发展新型服务业，完善商贸网络，构建与居住组团空间和规模相符的流通体系。物流业的发展应以港口为依托、工业园区为支撑、物流园区为节点，形成集仓储、加工、包装、运输、贸易为一体的物流产业链。

此外，在限制开发区域，应设立较高的产业准入标准，禁止布局Ⅱ类、Ⅲ类工业，对已有的Ⅱ类、Ⅲ类产业逐步搬迁和改造，对污染的化工企业限时搬迁。在禁止开发区内重点发展旅游产业，除有利于区域内生态环境保护相关的科研、观光等活动外，禁止布局任何类型的企业。产业发展的财政和税收优惠政策应主要针对重点开发区域，同时引导控制区域和禁止开发区域的产业向重点开发区域集中聚集。

7.4.4　土地政策

土地是城市开发的载体和基础，为实现对未来城市空间增长的调控，应当着重控制建设用地的分配和调整政策，针对不同主体功能区类型，发挥土地政策的约束和引导作用，将对土地资源的保护与保障土地资源供给相结合，反映土地资源的稀缺价值与开发成本，严格保护绿色空间与基本农田，在避免蔓延式开发的同时提高土地利用效率。

对重点开发区应当适当扩大建设用地供给，作为新增建设用地的主要接纳区域；禁止开发区内原则上不再新增建设用地供给，特别对警戒区域内的不符合主体功能定位的建设用地类型应当进行必要的转换。在限制开发Ⅰ类与Ⅱ类区域严格限制不符合主体功能定位的新增建设用地，保障耕地保有量，着重增加生态用地，对现有建设用地进行存量土地调整。在限制开发Ⅲ类与Ⅳ类区域适度控制建设用地供给，提高土地的开发利用效率。控制区域内的新增建设用地指标应当严格控制，并严禁高强度、低密度的区域开发活动。各主体功能区主要土地利用调控指标的重要性分析如表 7 - 16 所示。

表 7 – 16　　　　　　　各功能区主要土地利用调控指标相对重要性

主体功能区类型	新增建设用地类型	耕地保有量	城市用地开发强度	工矿企业用地类别	基本农田面积
禁止开发区	√√√	√√	√√√	√√√	√
限制开发区Ⅰ	√√	√√√	√√	√√	√√√
限制开发区Ⅱ	√√√	√√	√√√	√√√	√√
限制开发区Ⅲ/Ⅳ	√√	√	√√	√√√	√
重点开发区	√	√	√√	√√	√

注：√代表调控重要性的高低。

7.4.5　环保政策

控制区域是指开发强度较高、资源环境承载能力较弱的区域，在具备较好经济发展基础的同时面临较强的资源环境制约。由于开发强度高、建设用地紧缺、环境容量较小，各项公共服务设施需要进一步得到完善和升级，以满足较高密度城市开发的需求。在产业发展上，应当设置较高的环境准入标准，严格用地效率及水耗、能耗和污染物排放标准，对现有不满足功能定位的工矿企业进行综合整治，缓解区域资源环境压力。统筹规划并优先交通、能源、环保等基础设施建设用地，完善区域交通体系。提高绿地比例，保留并完善区域隔离缓冲带、开敞空间，实施区域环境综合整治，加大环境监管和污染治理力度，构建和谐人居环境。

重点开发区域环境承载力及发展优势均较突出，具有一定的城镇化和工业化发展基础，是未来城市和工业开发的主要载体。但 7.3 节的分析结果表明，重点开发区域内目前工业园区比重较高，未来可开发利用的空间相当有限。因此，该区域在加速城市化工业化进程的同时更应坚持资源节约型、环境友好型经济发展模式，提高土地利用效益，同时保障区域交通、能源、污水及垃圾处理等设施的用地及资金。政绩考核应当强化对区域产业结构优化、资源消耗等方面的评估。

限制开发区域是指由于资源环境承载能力较弱而不适宜进一步进行大规模城市开发（限制开发Ⅰ类与限制开发Ⅱ类）或者虽然具备一定环境承载能力但目前不具备进行大规模开发的区域（限制开发Ⅲ类与限制开发Ⅳ类）。限制开发并非限制发展，而是限制过高强度的城市与工业开发，鼓励进行保护型、选择性开发，对开发的内容和强度进行符合相应主体功能的约束。政绩考核应当重点关注农业发展、生态建设、农民收入等指标。

限制开发Ⅰ类是以服务农业发展为主体功能，其环境保护政策应在保障基本农田功能的同时以治理农业生产生态问题为重点：鼓励发展并推广生态农业及养殖业模式，建设无公害食品、绿色食品基地；完善农田林网建设，开展水土流失治理，改善农业与农村生态环境。开展农村环境综合整治，逐步探索并完善适宜小城镇的环保设施建设模式，推广清洁能源，有效控制农业和农村面源污染。

限制开发Ⅱ类是以生态环境维护和水源涵养为主体功能的区域，其环保政策宜重点关注陆域地表水环境保护及森林生态系统功能恢复：在云台山自然保护区周边1 000米缓冲区、水源保护通道（蔷薇河）两侧1 000米缓冲区、重要湿地500米缓冲区恢复与重建森林生态系统、湿地生态系统，进行水源地保护与水土流失治理；开展水体污染综合治理，提高水源涵养能力与水体环境承载能力；在限制开发Ⅱ类区域的县域内着重发展生态林业、生态农业及旅游业，严格监管区内资源开发和建设项目的类型、内容和强度，严禁乱垦滥伐林地资源。

限制开发Ⅲ类区域与Ⅳ类区域是由于暂时不具备大规模经济和人口集聚的条件而不适宜在近期进行大规模开发的区域。其中，限制开发Ⅲ类区域环境承载力较小，但社会经济发展条件一般，开发定位尚不能明确，因此宜以在维持区内生态环境质量的前提下进行适度开发，并可根据未来发展条件的变化考虑是否作为远期发展备用地。区内应当禁止布局化工、冶金等重工业企业或开发区，可适当发展商贸物流及旅游业，重点发展农副产品综合加工和现代农业。限制开发Ⅳ类区域具备一定的开发潜力，环境约束力中等，因此可以在承载力允许的前提下，进行适当规模的城市化开发，作为缓解重点开发区压力的主要区域。根据研究区域限制开发Ⅳ类区域土地利用类型组成和空间分布，区内适宜大型工业开发区的空间较小，应当将开发重点放在城镇基础设施建设和物流业、商贸业发展上，提升小城镇环境质量和经济发展效益，合理开发区内滩涂资源，适度发展滨海旅游业。对目前城市空间增长强度过高的优化开发区域，应当促进人口居住相对聚集，提高环境准入门槛，完善污水处理等基础设施，避免蔓延式开发。

禁止开发区是指包括云台山自然保护区、花果山地质公园等在内的承担区域重要生态功能和具有重要文化遗产价值的重点保护区域。该区域与其他较好主体功能区相比，呈点状分散布局，周边地区未能形成较为完善的缓冲廊道和网络，因此在城市开发与工业化发展的压力下，区内及周边 2 000 米缓冲范围内存在一定比例的工业园区用地（主要位于云台山自然保护区与花果山地质公园之间以及大伊山风景名胜区南部）。禁止开发区内未来应当严禁布局不符合主体功能定位的大型工业园区，并逐步建设完善区内各保护对象之间的防护带建设，形成保护区网络体系。位于警戒区域内的工业企业应当搬迁至周边重点区内，并进行产业升级改造，提高污染物排放标准。依法严格管理自然保护区和地质公园，禁止建设污染性、破坏资源及景观的生产企业，符合主体功能定位的新建项目应当严格进行环境影响评价，以符合国家及地方的环境标准。鼓励适度发展生态旅游业，严格控制发展规模、容量及内容。对区内各风景名胜区保持景观和生物多样性，维持区域景观特色，完善植被建设，区内相关建设项目应当与现有景观相协调。

7.5　小结与讨论

本章细化了城市空间增长的主体功能识别的思路与技术路线，并对研究区域进行了实证分析。首先综合城市空间增长的环境承载力及发展潜力的评价结果，耦合不同的空间评价单元，运用组合判别法识别各评价单元的城市空间增长的适宜性等级。其次运用主导因素与组合判别相结合的方法，进一步识别各评价单元城市空间增长的主体功能。在识别禁止开发、限制开发以及重点开发各类主体功能区的基础上，进一步将限制开发区划分为四种亚区，分别为农业保障（Ⅰ）、生态保育（Ⅱ）、开发备用（Ⅲ）以及适度开发（Ⅳ）区域，并对各功能亚区进行了内涵界定与空间分布识别。

为增加城市空间增长调控手段的针对性，在明确区域城市空间增长主体功能的基础上，引入表征现有城市空间增长强度指数的城乡建设用地增长强度（UIIb）以及工业园区用地增长强度（UIIi），识别在不同的调控情景下，未来城市空间增长由于与主体功能不符而需要重点控制的区域。通过序列组合法，识别出三类重点调控区域分别为警戒区域、控制区域以及优化开发区域。

识别结果表明，区域绝大部分地区（75.71%）不适宜或较不适宜未来城市空间增长，而基本适宜未来城市化开发区域的可利用空间也极为有限，说明研究区域存在过度、低效率的城市空间增长现象。主体功能识别结果则进一步表明，研究区域仅有极少部分属重点开发（6.31%）或禁止开发（7.20%）的情况，而占绝大多数的限制开发区域中又以限制开发Ⅰ类（33.48%）与限制开发Ⅱ类（35.74%）比重较高。

重点调控区域的识别结果也与上述结论相符，即在快速城市化阶段，城市空间增长的选址与强度均不合理，新增建设用地与区域环境承载力之间的矛盾非常突出，体现在：一方面，2000—2008年工业园区用地相对集中、快速地在敏感保护目标周边区域扩展，导致有近三分之一的禁止开发区域属于警戒区域。另一方面，同时期城乡建设用地在城市中心区域周边及城市边缘区呈"溢出"式扩张模式，县域的新增城市空间增长则以占用沿海农田、盐田为代价，呈高速、低密度蔓延趋势，导致控制区域成为调控区域中分布最广的一类地区，这一结论与第4章的分析结果相符。

对城市空间增长各类功能区与现有土地利用结构耦合度进行分析，验证研究方法的有效性与结果的可信度。分析结果表明，区域土地利用结构与各主体功能区特征耦合度较好，并能体现出区域现有城市空间增长模式存在的问题及未来增长的空间，表明本书采用的功能区识别理论与方法能够客观体现区域城市空间增长的状况特征与制约因素。

在上述研究基础上，本章以城镇为单位对未来研究区域的生产力空间布局提出了建议，并从人口流动、产业发展、土地利用及环境保护等四方面对未来城市空间增长的调控提出相应的政策框架建议。

由于研究尺度所限，调控的基本空间载体主要是以城镇以及工业园区为基本单位，较缺乏对城市空间增长用地的类型与特征的深入研究。因此，相应的调控建议较为宏观，调控手段的定性分析较多，定量化研究较少。后续研究应在进一步数据调研的基础上充实定量研究内容，提高调控手段的针对性和可操作性。

结论与展望

8.1 研究结论

本书以"基于主体功能的快速城市化地区城市空间增长调控"为主题，按照"格局（Pattern）—主体功能识别（Zoning）—调控（Regulation）"的研究思路，重点对研究区域快速城市化阶段城市空间增长的内涵特征与时空格局、基于主体功能的城市空间增长的调控分析与方法框架、环境承载力与发展潜力的空间分异特征识别、城市空间增长强度分析与主体功能识别相结合的城市空间增长的调控思路等内容进行研究，主要结论有：

（1）快速城市化阶段，我国城市空间增长的重点关注范围应与传统意义上的"城市蔓延"不同，应从区域整体视角出发，对在快速城市化与工业化影响下的非农用地向建设用地的转换过程进行系统性的研究。在本书中，城市空间增长的研究对象主要是指城乡建设用地以及大型工业园区用地面积的增加。

（2）在上述研究前提下，研究区域在快速城市化阶段城市空间增长的模式与单一的"城市蔓延"方式既有联系也有区别，呈现更为多样的空间内涵与特征。与大多数国家和城市一致，在快速城市化阶段存在明显的"膨胀式"城市空间增长现象，其空间增长的速度超过了城市人口增长的速度。由于经济发展水平、交通条件、政策导向等因素的差异，城市空间增长存在明显的区域分异。总体来看，研究区域内城市空间增长的模式并非传统意义上单一的"蔓延式"扩展，而是在城市化和工业化快速发展的驱动下，高强度"城市溢出"和低强度"城镇蔓延"并存。从城市空间增长的圈层结构来看，快速城市化阶段建设用地快速增长的重心发生转移。城市中心区和县域中心城镇的绝对优势逐步缩小，工业园区相对集中的东部沿海地区逐渐成为城市空间增长的新兴主导。研究时段内工业园区的发展是城市空间增长的重要驱动因素，且将继续影响未来城市空间增长的模式。城市空间快速增长以大量消耗农田及盐田湿地为代价，配套设施的滞后、不完善为区域的土地利用结构和生态系统带来了巨大的压力。随着工业化和城镇化进程的加快，迫切需要对城市空间增长进行引导和管制，从而合理调控未来城市空间增长的强度和方向。

（3）本书所指的城市空间增长调控，是以协调快速城市化背景下城市化、工业化开发与区域环境承载能力之间的矛盾为目的，通过识别区域开发的主体功能，对城市空间增长的合理性进行分析，从而针对性地提出城市空间增长的调控策略。本书针对上一层级主体功能区划分中空间定位模糊、三维因素复合难度高以及识别思路动态反馈性不足的局限，提出基于以下三大步骤的城市空间增长调控思路。首先，对环境承载力与发展潜力进行综合评价，识别城市空间增长的适宜性。其次，将不同的适宜性类别归并为相应的主体功能区。最后，引入快速城市化阶段城市空间增长的强度因素，分析城市空间增长的合理性，提升城市空间增长调控的连续性与反馈性。从方法论的角度，主体功能的识别方法应采取定量与定性相结合、自上而下与自下而上相结合的技术路线，并应体现环境承载力的短板作用。在此基础上，本书提出了包括空间单元与评价因子的确定、指标体系的赋值与分类、评价因子的归并与分级、主体功能的识别与聚类以及基于情景分析的重点调控区域识别五大步骤的技术流程，并对研究所适用的空间尺度单元、适宜性分析和主体功能判别的方法进行了讨论。

（4）从城市空间增长的主要环境约束因素入手，本书从刚性因子和弹性因子两方面构建了城市空间增长的环境承载力评价指标体系。以研究区域为实证案例，采用空间扩散赋值与矢量直接赋值结合的方法对指标进行量化，运用逻辑组合判别法得出各分析单元的环境承载能力综合评价值。分析结果表明，研究区域绝大部分土地生态环境较为敏感，较不适宜大规模的城市与工业化开发。其中，约有42.93%的土地应极易受到人类活动的影响，自我修复能力较低，应当以生态保育为主导功能。较适宜作为未来城市空间增长利用的土地面积仅占7.19%，主要分布于自猴嘴街道与中心城区的连接轴并向南沿宁连高速、204国道延伸的两侧2000米缓冲区域。从研究方法的科学合理与适用性来看，逻辑判别因子叠置法能够较好地体现环境承载能力，特别是水源地保护因子、环境容量因子和生态服务功能因子对城市空间增长的短板作用。

基于对城市空间增长发展潜力内涵的认识，本书构建了"社会经济支撑力、辐射影响力、区位推动力" 3 个子系统组成的发展潜力综合评价逻辑体系，并探索了指标体系量化的方法和综合评价的技术路线。从研究区域的实证分析来看，区域内部的发展潜力有明显的空间分异特征，各单因子评价结果均呈现"极化"趋势，区域内部存在明显的发展增长极。发展潜力的综合评价结果呈现"三个中心、两个圈层"的空间结构。与第 4 章中城市空间增长的空间模式相呼应，区域发展潜力并不局限于城区的单核驱动影响，县域也存在同样实力的发展驱动中心，未来的城市空间增长将在多核心的共同作用下，呈现不规则的同心圆圈层式空间布局。研究采用的综合定量评价法可较好地揭示各评价单元的开发现状、优劣势以及发展的潜在能力，有利于体现区域未来城市空间增长方向和功能定位。

（5）基于城市空间增长的主体功能识别的思路与技术路线，对研究区域的城市空间增长的适宜性以及主体功能进行了识别，并在此基础上引入城市空间增长强度指数，识别不同调控情景下未来城市空间增长由于与主体功能不相符而需要重点调控的区域。实证研究结果表明，区域绝大部分地区（74.43%）不适宜或较不适宜未来城市空间增长，而基本适宜未来城市化开发的可利用空间也极为有限，说明研究区域存在过度、低效率的城市空间增长现象。各适宜性区域的主体功能识别结果则进一步揭示出在快速城市化阶段，城市空间增长的选址与强度均不合理，新增的建设用地与区域环境承载力之间的矛盾非常突出。主要体现在，一方面2000—2008年工业园区用地相对集中和快速地在各敏感保护目标周边区域扩展，导致有近三分之一的禁止开发区域属于警戒区域。另一方面，同时期城乡建设用地则在城市中心区域周边及城市边缘区呈"溢出"式增长模式，县域新增城市空间增长则以占用沿海农田、盐田为代价，呈高速、低密度蔓延趋势，导致控制区域成为重点调控区域中分布最广的一类地区。

本书通过对城市空间增长各类功能区与现有土地利用结构耦合度进行分析，来验证研究方法的有效性与结果的可信度。分析结果表明，区域土地利用结构与各主体功能区特征耦合度较好，并能体现区域现有城市空间增长模式存在的问题以及未来增长空间，表明本书采用的功能区识别理论与方法能够客观体现区域城市空间增长的状况特征与制约因素。在此基础上，本书以城镇为单位对未来研究区域的生产力空间布局提出了建议，并从人口流动、产业发展、土地利用以及环境保护四方面对城市空间增长调控提出相应的政策框架建议。

8.2 研究创新点

首先，有别于传统的"城市蔓延"视角，本书从区域整体角度出发关注城市空间增长的调控问题。

传统的"城市蔓延"治理研究多关注大城市近郊区的城市空间无序增长现象，而本书发现处于快速城市化阶段的中小城市，由于用地需求旺盛，城市发展与工业园区扩张紧密相连，城市空间增长呈现"城市溢出"与"城镇蔓延"相结合的特征，因而宜从区域整体视角出发，以满足城市空间增长调控的现实需求。

其次，提出了以主体功能区识别为基础的城市空间增长动态调控思路。

主体功能区识别研究多关注静态指标及蓝图描画，较缺乏与城市开发现状之间的动态连接。本书将城市空间增长的强度指数与主体功能识别分析相结合，构建了从空间增长格局、主体功能识别，到空间调控的系统性思路，提升了主体功能识别的动态反馈性及调控手段的针对性。

8.3 研究展望

本书旨在充分挖掘快速城市化地区城市空间增长的内涵与特征，基于主体功能区的思想，对快速城市化地区城市空间增长调控的理论与方法进行系统而重点突出的研究，取得了预期的进展。但由于主客观因素的作用，本书在尺度和视角方面还存在相对不足，拟在以下几方面开展后续的研究。

（1）由于土地利用信息的分辨率所限，较为欠缺对较小规模的工矿企业用地和城乡建设用地的进一步细分类别研究。未来应在更高分辨率遥感数据和更丰富实地调研的基础上，对城市空间增长用地的内涵和定义进一步进行深入和细化研究，在相对较小的尺度上进行实证研究，从而进一步完善研究的相关理论和方法。

（2）本书研究的重点在于探索基于主体功能的城市空间增长的合理性，并以此作为空间调控的重要依据。由于基础数据所限，调控手段的定性分析较多，定量化研究较少。在调控对策方面，集中在空间定位角度，尚不能完全回答城市空间增长调控在规模和密度层面上的定量问题。后续研究应在进一步数据调研的基础上充实定量研究内容，从而提高调控手段的针对性和可操作性。

（3）本书在数据的丰富程度方面还存在一定局限，研究重点关注以土地利用为主的人类活动空间，但对人本身的因素涉及不足，如缺乏更直观反映未来趋势的评价指标及区域战略决策因素等。城市空间增长适宜性除受到如环境承载力与发展潜力等客观因素影响外，也与人类活动特别是技术水平进步、经济增长方式、生活方式的变迁密切相关，未来可进一步探索这些影响因素的量化及评价方法，从关注"土地—环境—空间"到关注"人—地—社会—环境"之间的关系。

参考文献

［1］ Alberti, M. , Booth, D. , Hill, K. , Coburn, B. , Avolio, C. , Coe, S. , Spirandelli, D. (2007) The impact of urban patterns on aquatic ecosystems: an empirical analysis in Puget lowland sub – basins. Landscape and Urban Planning, 80: 345 – 361.

［2］ Alterman, R. (1997) . The challenge of farmland preservation: Lessons from a six – nation comparison. Journal of the American Planning Association, 63 (2), 220 – 243.

［3］ Anas, A. , Rhee, H. J. (2006) Curbing excess sprawl with congestion tolls and urban boundaries. Regional Science and Urban Economics, 36 (4): 510 – 554.

［4］ Angel, S. , Parent, J. , Civco, D. L. , Blei, A. (2011) The dimensions of global urban expansion: Estimates and projections for all countries, 2000 – 2050. Progress in Planning, 75: 53 – 107.

［5］ Arrow, K. , Bolin, B, Costanza, R. (1995) Economic growth, Carrying capacity, and the Environment. Science, 268: 520 – 521.

［6］ Bagdanavičiūtė, I. , Valiūnas, J. (2013) GIS – based land suitability analysis integrating multi – criteria evaluation for the allocation of potential pollution sources. Environmental Earth Sciences, 68 (6): 1797 – 1812.

［7］ Bai, X. M. , Chen, J. , Shi, P. J. (2011) Landscape urbanization and economic growth in China: positive feedbacks and sustainability dilemmas. Environmental science technology, 46: 132 – 169.

［8］ Batty, M. (2008) The size, scale, and shape of cities. Science, 319: 769 – 771.

［9］ Bengston, D. N. , Fletcher, J. O. , Nelson, K. C. (2004) . Public policies for managing urban growth and protecting open space: Policy instruments and lessons learned in the United States. Landscape and Urban Planning, 69 (2 –

3）, 271 - 286.

[10] Bhatta, B. (2010) Analysis of urban growth and sprawl from remote sensing data. In: Balram, S., Dragicevic, S. (Eds), Advances in geographic information science. Berlin: Springer.

[11] Bloom, D. E., Canning, D., Fink, G. (2008) Urbanization and the wealth of nations. Science, 319 (5864), 772 - 775.

[12] Boarnet, M. G., Mclaughlin, R. B., Carruthers, J. I. (2011) Does state growth management change the pattern of urban growth? Evidence from Florida. Regional science and urban economic 41 (3): 236 - 252.

[13] Booth, P. (1996) Controlling development: certainty and discretion in Europe, the USA and Hong Kong. London, UCL Press.

[14] Burchell, R. W., Galley, C. (2003) Projecting incidence and costs of sprawl in the United States. Transportation Research Record, 1831: 150 - 157.

[15] Burchell, R. W., Downs, A., McCann, B. Mukherji, S. (2005) Sprawl Costs: Economic Impacts of Unchecked Development. Island Press, Washington, DC.

[16] Camagni, R., Gibelli, M. C., Rigamonti, P. (2002) . Urban mobility and urban form: the social and environmental costs of different patterns of urban expansion. Ecological Economics 40 (2), 199 - 216.

[17] Carruthers, J. (2002) The impacts of state growth management programs: a comparative analysis. Urban studies. 39: 1159 - 1982.

[18] Cengiz, T., Akbulak, C. (2009) Application of analytical hierarchy process and geographic information systems in land - use suitability evaluation: a case study of Dümrek village (Çanakkale, Turkey) . International Journal of Sustainable Development World Ecology, 16 (4): 286 - 294.

[19] Chakma, S. (2014) Analysis of urban development suitability. In A. Dewan and R. Corner (Eds.), Dhaka Megacity: Geospatial Perspectives on Urbanisation, Environment and Health (pp. 148 - 161.) Dordrecht, Springer.

[20] Chapin, T. S. (2012) From growth controls, to comprehensive planning, to smart growth: planning's emerging fourth wave. Journal of American planning association 78 (1): 5 - 15.

[21] Chen, J. (2007) Rapid urbanization in China: A real challenge to soil

protection and food security. Catena, 69 (1): 1 – 15.

［22］ Chinitz, B. (1990) Grwoth management: good for the towm, bad for the nation. Journal of the American Planning Association, 56 (1): 3 – 8.

［23］ Cho, C. J. (2002) The Korean growth – management programs: issues, problems and possible reforms. Land Use Policy 19: 13 – 27.

［24］ Collins, M. G., Steiner, F. R., Rushman, M. J., (2001) Land – use suitability analysis in the United States: historical development and promising technological achievements. Environmental management, 28 (5): 611 – 621.

［25］ Curran – Cournane, F., Vaughan, M., Menmon, A., Frderickson, C. 2014 Trade – offs between high class land and development: Recent and future pressures on Auckland's valuable soil resources. Land use policy 39: 146 – 154.

［26］ Cymerman, J. H., Coe, S., Hutyra, L. R. (2013) Urban growth patterns and growth management boundaries in the Central Puget Sound, Washington, 1986 – 2007. Urban Ecosystems, 16 (1): 109 – 129.

［27］ Dawkins, C. and Nelson. A. (2002) Urban containment policies and housing prices: an international comparison with implications for future research. Land use policy 19 (1): 1 – 12.

［28］ Deakin, E. (1989) Growth control: a summary review of empirical reseach. Urban Land, 48: 16 – 21.

［29］ Degrove, J. M., (1992) The new frontier for land policy: planning and growth management in the states. Cambridge, MA: Lincoln Institute of Land Policy.

［30］ Deng, X. Z., Huang, J. K., Rozelle, S., Uchida, E., (2008) Growth, population and industrialization, and urban land expansion of China. Journal of Urban Economics 63 (1), 96 – 115.

［31］ Deng, X. Z., Huang, J. K., Rozelle, S., Uchida, E., (2010) Economic Growth and the Expansion of Urban land in China. Urban Studies, 47 (4): 813 – 843.

［32］ Downs, A. (1998) How American's cities are growing: The big picture. Bookings Review, 16 (4): 8 – 12.

［33］ Effat, H. A., Hegazy, M. N. (2013) A multidisciplinary approach to mapping potential urban development zones in Sinai Peninsula, Egypt using remote sensing and GIS. Journal of Geographic Information Systems, 5: 567 – 583.

[34] Fan, C. C. (2006) China's Eleventh Five – Year Plan (2006 – 2010): From "Getting Rich First" to "Common Prosperity". Eurasian Geography and Economic, 47 (6): 708 – 723.

[35] Fan, J. (2009) The Scientific Foundation of Major Function Oriented Zoning in China. Journal of Geographical Sciences, 19: 515 – 531.

[36] Fan, J., Sun, W., Zhou, K., Chen, D. (2012) Major function oriented zone: new method of spatial regulation for reshaping regional development pattern in China. Chinese geographical sciences, 22 (2): 196 – 209.

[37] Fan, J., Tao, A. J., Ren, Q. (2010) On the Historical Background, Scientific Intentions, Goal Orientation, and Policy Framework of Major Function – Oriented Zone Planning in China. Journal of resources and ecology 1 (4): 289 – 299.

[38] FAO. (1985) Guidelines: Land evaluation for irrigated agriculture. FAO Soils Bulletin 55. Rome: Food and Agriculture Organization of the United Nations.

[39] Foley, J. A., Defries, R., Asner, G. P., Barford, C., Bonan, G., Carpenter, S. R., Chapin, F. S., Coe, M. T., Daily, G. C., Gibbs, H. K., Hellkowski, J. H., Holloway, T., Howard, E. A., Kucharik, C. J., Monfreda, C., Patz, J. A., Prentice, I. C., Ramankutty, N., Snyder, P. K. (2005) Global consequences of land use. Science, 309 (5734): 570 – 574.

[40] Freeman, L., (2001) The effects of sprawl on neighborhood social ties. Journal of the American Planning Association, 67 (1): 69 – 77.

[41] Frenkel, A., Orenstein, D. E. (2012) Can urban growth management work in an era of political and economic change? Journal of the American planning association, 78 (1): 16 – 33.

[42] Frenkel, A. (2004). The potential effect of national growth – management policy on urban sprawl and the depletion of open spaces and farmland. Land Use Policy, 21 (4), 357 – 369.

[43] Fulton, W., Nguyen, M., (2002) Growth management ballot measures in California. Ventura, CA: Solimar Reasearch Group Inc.

[44] Gallent, N., Kim, K. S., (2001) Land zoning and local discretion in the Korean planning system. Land Use Policy, 18: 233 – 243.

［45］Gillham, O. (2002) The limitless city: a primer on the urban sprawl debate. Washington, D. C. : Island Press.

［46］Grimm, N. B. , Faeth, S. H. , Golubiewski, N. E. , Redman, C. L. , Wu, J. , Bai, X. , Briggs, J. M. (2008) Global change and the ecology of cities. Science, 319: 756 - 460.

［47］Guneralp, B. , Seto, K. C. (2013) Futures of global urban expansion: uncertainties and implications for biodiversity conservation. Environmental reseach letters 8 (1): 1 - 10.

［48］Güneralp, B. , Peristein, A. S. , Seto, K. C. (2015) Balancing urban growth and ecological conservation: a challenge for planning and governance in China. AMBIO DOI 10. 1007/s13280 - 015 - 0625 - 0.

［49］Guttmann, J. , (1961) Megalopolis: the urbanized northeastern seaboard of the United States. New York: Twentieth Century Fund.

［50］Hahs, A. K. , McDonnell, M. J. , McCarthy, M. A. , Vesk, P. A. , Corlett, R. T. , Norton, B. A. , Clemants, S. E. , Duncan, R. P. , Thompson, K. , Schwartz, M. W. , Willams, N. S. (2009) A global synthesis of plant extinction rates in urban areas. Ecology Letters, 12: 1165 - 1173.

［51］Hamilton, C. M. , Martinuzzi, S. , Plantinga, A. J. , Radeloff, V. C. , Lewis, D. J. , Thogmartin, W. E. , Heglund, P. J. , Pidgeon, A. M. (2013) Current and future land use around a nationwide protected area network. PLoS ONE 8 (1): e55737.

［52］Han, H. Y. , Lai, S. K. , Dang, A. R. , Tan, Z. B. , Wu, C. F. (2009) . Effectiveness of urban construction boundaries in Beijing: An assessment. Journal of Zhejiang University—Science A, 10 (9), 1285 - 1295.

［53］Herold, M. , Goldstein, C. N. , Clarke, C. K. , (2003) The spation - temporal form of urban growth: measurement, analysis and modeling. Remote Sensing of the Environent, 86: 286 - 302.

［54］Ho, S. , Lin, G. (2004) Converting land to nonagricultural use in China's coastal provinces, evidence from Jiangsu. Modern China, 30 (1): 81 - 112.

［55］Holcombe, R. G. (2014) The rise and fall of growth management in Florida. In D. E. Andersson, S. Moroni (Eds.), *Cities and private planning. Property rights, entrepreneurship and transaction cost* (pp. 232 - 247.) Northampton,

USA: Edward Elgar Publishing, Inc.

[56] Hossain, H., Sposito, V., Evans, C. (2006) Sustainable land resource assessment in regional and urban systems. Applied GIS, 2 (3): 24.1 – 24.21.

[57] Huang, S. L., Wang, S. H., Budd, W. W. (2009) Sprawl in Taipei's peri – urban zone: Responses to spatial planning and implications for adapting global environmental change. Landscape and Urban Planning, 90 (1 – 2): 20 – 32.

[58] Huang JL, Huang YL, Zhang ZY (2014) Coupled effects of natural and anthropogenic controls on seasonal and spatial variations of river water quality during baseflow in a coastal watershed of southeast China. Plos One 9, e91528.

[59] Ingram, G. K., Carbonell, A., Hong, Y. H., Flint, A. (2009). Smart growth policies: An evaluation of programs and outcomes. Cambridge, MA: Lincoln Institute of Land Policy.

[60] IUCN (2006). The future of sustainability: re – thinking environment and development in the twenty – first century. report of the IUCN renowned thinkers meeting, International Union for Conservation of Nature.

[61] Jiang, L., Deng, X. Z., Seto, K. C. (2013) The impact of urban expansion on agricultural land use intensity in China. Land use policy, 35: 33 – 39.

[62] Kahn, M. E., (2000) The environmental impact of suburbanization. Journal of Policy Analysis and Management, 19 (4): 569 – 586.

[63] Kamal – Chaoui, L., Leman, E., Rufei, Z., (2009) Urban Trends and Policy in China. OECD Regional Development Working Papers, 2009 (1): 1 – 70.

[64] Kelly, E. D., (1993) Managing community growth: policies, techniques, and impacts. Westport, CT, Praeger Publishers.

[65] Kim, K. S., Gallent, N. (1998) Regulating industrial growth in the South Korean Capital Region. Cities, 15 (1): 1 – 11.

[66] Kline, J. D., Thiers, P., Ozawa, C. P., Yeakley, J. A., Gordon, S. N. (2014) How well has land – use planning worked under different governance regimes? A case study in the Portland, OR – Vancouver, WA metropolitan area, USA. Landscape and urban planning 131: 51 – 63.

[67] Lambin, E. F., Geist, H., Rindfuss, R. R., (2005) Land – use and land – cover change: development and implementing an agenda for local processes with global impacts. IHDP Newsletter, 3: 1 – 20.

[68] Li, H., Wei, D. Y. H., Liao, F. H. F., Huang, Z. J. (2015) Administrative hierarchy and urban land expansion in transitional China. Applied geography, 56: 177 – 186.

[69] Li, J. D., Deng, J. S., Gu, Q., Wang, K., Ye, F. J., Xu, Z. H., Jin, S. Q. (2015) The accelerated urbanization process: a threat to soil resources in eastern China. Sustainability 7: 7137 – 7155.

[70] Li, Y. F., Zhu, X. D., Sun, X., Wang, F. (2010) Landscape effects of environmental impact on bay – area wetlands under rapid urban expansion and development policy: a case study of Lianyungang, China. Landscape and Urban Planning 94: 218 – 227.

[71] Li, Y. F., Shi, Y. L., Zhu, X. D., Cao, H. H., Yu, T. (2013) Coastal wetland loss and environmental change due to rapid urban expansion in Lianyungang, Jiangsu, China. Regional environmental change 14 (3): 1175 – 1188.

[72] Lichtenberg, E., Ding, C. R., (2009) Local officials as land developers: Urban spatial expansion in China. Journal of Urban Economics, 66: 57 – 64.

[73] Lin, G. C. S. (2007) Reproducing spaces of Chinese urbanization: new city – based and land – centered urban transformation. Urban studies, 44 (9): 1827 – 1855.

[74] Liu, J. Y., Zhan, J. Y., Deng, X. Z. (2005) Spatio – Temporal patterns and driving forces of urban land in china during the economic feform era. Ambio 34 (6): 450 – 455.

[75] Liu, Y. S., Wang, J. Y., Guo, L. Y., (2006) GIS – based Assessment of Land suitability for Optimal Allocation in the Qinling Mountains, China. Pedosphere, 16 (5): 579 – 586.

[76] Liu, Y., Lv, X. J., Qin, X. S., Guo, H. C., Yu, Y. J., Wang, J. F., Mao, G. Z. (2007) An integrated GIS – based analysis system for land – use management of lake areas in urban fringe. Landscape and Urban Planning, 82: 233 – 246.

[77] Liu, C. M., Li, B. H., Zeng, J. X. (2007) Discussions on methods about regionalization of major development function in Hubei province. Geography

and geo – information science, 23 (3): 64 – 68.

[78] Liu, Y. S., Wang, J. Y., Long, H. L., (2010) Analysis of arable land loss and its impact on rurual sustainability in Southern Jiangsu Province of China. Journal of Environmental management, 91 (3): 646 – 653.

[79] Long, H. L., Zou, J., Liu, Y. S., (2009) Differentiation of rural development driven by industrialization and urbanization in eastern coastal China. Habitat International, 33: 452 – 462.

[80] Lu, D. D., (2009) Objective and Framework for Territorial Development in China. Chinese Geographical Science, 19 (3): 195 – 202.

[81] Malczewski, J. (2004) GIS – based land – use suitability analysis: a critical overview. Progress in Planning 62, 3 – 65.

[82] Malczewski, J. (2006) GIS – based multicriteria decision analysis: a survey of the literature. International Journal of Geographical Information Science, 20 (7): 703 – 726.

[83] Marull, J., Pino, J., Mallarach, J. M., and Cordobilla, M. J. (2007) A Land Suitability Index for Strategic Environmental Assessment in Metropolitan areas. Landscape and Urban Planning, 81: 200 – 212.

[84] Martinuzzi, S., Radeloff, V. C., Joppa, L. N., Hamilton, C. M., Helmers, D. P., Plantinga, A. J., Lewis, D. J. (2015) Scenarios of land use change around United States' protected areas. Biological conservation 184: 445 – 455.

[85] Mason, A. (2001) Scale in geography. in: Smelser, N. J., Baltes, P. B., (eds.): International encyclopedia of the social and behavioral sciences. Oxford: Pergamon Press.

[86] McDonald RI, Kareiva P, Formana RTT. 2008. The implications of current and future urbanization for global protected areas and biodiversity conservation. Biological conservation 141: 1695 – 703.

[87] Miceli, T. J., Sirmans, C. F. (2007) The holdout problem, urban sprawl, and eminent domain. Journal of Housing Economics, 16 (3/4): 309 – 319.

[88] Mills, E. S., (2003) Book review of urban sprawl causes, consequences and policy responses. Regional Science and Urban Economics, 33: 251 – 252.

[89] Nelson, A. C. (1999) Comapring states with and without growth management analysis based on indicators with policy implications. Land use policy

16：121 – 127.

　　[90] Nelson, A. C. , Dawkins, C. J. , (2004) Urban Containment in the United States: History, Models, and Techniques for Regional and Metropolitan Growth Management, PAS Report Number 520. Chicago: American Planning Association.

　　[91] Newburn, D. A. , Berck, P. (2011) Growth management policies for exurban and suburban development: theory and an application to Sonoma County, California. Agricultural and resource economics review 40/3: 375 – 392.

　　[92] Ogu, V. I. , (2000) Stakeholders' partnership approach to infrastructure provision and management in developing world cities: lessons from the sustainable Ibadan project. Habitat International, 24 (4): 517 – 533.

　　[93] on thermal conditions using landscape metrics in city of Indianapolis, United States. Urban.

　　[94] Parker, H. W. , (1996) Tunneling, urbanization and sustainable development: the infrastructure connection. Tunneling and Underground Space Technology, 11 (2): 133 – 134.

　　[95] Paulsen, K. (2013) The Effects of Growth Management on the Spatial Extent of Urban Development, Revisited. Land Economics 89 (2): 193 – 210.

　　[96] Pendall, R. , (1999) Do land – use controls cause sprawl? Environment and planning B: planning and design, 26: 555 – 571.

　　[97] Porter, D. R. , (1997) Managing growth in America's communities. Washing DC: Island Press.

　　[98] Praendl – Zika, Veronika. (2006) Urban Sprawl in China – Land Use Change at the Transition from Village to Town. in: Proceedings of the Holcim Forum 2007 – Urban Transformation, Shanghai, April.

　　[99] Robinson, L. , Newell, J. P. , Marzluff, J. M. (2005) Twenty – five years of sprawl in the Seattle region: growth management responses and implications for conservation. Landscape and urban planning 71: 51 – 72.

　　[100] Schneider, D. (1978) The Carrying Capacity Concept as A Planning Tool. Chicago: American Planning Association.

　　[101] Seto, K. C. , Kaufamn, R. K. , (2003) Modeling the drivers of urban land use change in the Pearl River Delta, China: integrating remote sensing with

socioeconomic data. Land Economics, 79: 106 – 101.

[102] Seto, K. C. , Fragkias, M. , Güneralp, B. , Reilly, M. K. (2011) A meta – analysis of global urban land expansion. PLoS ONE, 6 (8): e23777.

[103] Seto, K. C. , Güneralp, B. , Hutyra, L. R. (2012) Global forecasts of urban expansion to 2030 and direct impacts on biodiversity and carbon pools. Proceedings of the national academy of sciences of the United States of America 109 (40): 16083 – 16088.

[104] Shu, B. R. , Zhang, H. H. , Li, Y. L. , Qu, Y. , Chen, L. H. (2014) Spatiotemporal variation analysis of driving forces of urban land spatial expansion using logistic regression: A case study of port towns in Taicang City, China. Habitat international, 43: 181 – 190.

[105] Solecki, W. , Seto, K. C. , Marcotullio, P. J. (2013) It's time for an urbanization science. Environment: science and policy for sustainable development 55 (1): 12 – 17.

[106] Soule, D. C. , (2006) Defining and managing sprawl. in Soule D. C. Urban sprawl: a comprehensive reference guide. Westport, CT: Greenwood Press.

[107] Sun, X. , He, J. , Shi, Y. Q. , Zhu, X. D. , Li, Y. F. (2012) Spatiotemporal change in land use patterns of coupled human – environment system with an integrated monitoring approach: a case study of Lianyungang, China. Ecological Complexity 12: 23 – 33.

[108] Taaffe, E. J. , Gauthier, H. L. , (1994) Transportation geography and geographic thought in the United States: an overview. Journal of Transport Geography, 2 (3): 155 – 168.

[109] Taleai, M. , Mansourian, A. , (2008) Using Deiphi – AHP Method to Survey Major Factors Causing Urban Plan Implementation Failure. Journal of Applied Sciences, 8 (15): 2746 – 2751.

[110] Taleai, M. , Sharifi, A. , Sliuzas, R. , Mesgari, M. , (2007) Evaluating the compatibility of multi – functional and intensive urban land uses. International Journal of Applied Earth Observation, 9: 375 – 391.

[111] Tan, M. , Li, X. , Xie, H. Lu, C. , (2005) Urban land expansion and arable land loss in china – a case study of Beijing – Tianjin – Hebei region. Land Use Policy, 22: 187 – 196.

［112］Tang, B. S. , Wong, S. W. Lee, A. K. W. , （2007） Green belt in a compact city: a zone for conservation of transition? Landscape and urban planning, 79: 358 – 373.

［113］Tania, D. M. , Lopez. T. , Aide, M. , John, R. T. , （2001） Urban expansion and the losses of prme agricultural lands in Rutero Rico. Ambio, 30: 49 – 54.

［114］Tian, L. , Ma, W. , （2009） Government intervention in city development of China: A tool of land supply. Land Use Policy, 26 （3）: 599 – 609.

［115］Turner, B. L. I. , Lambin, E. F. , Reenberg, A. （2007） The emergence of land change science for global environmental change and sustainability. Proceedings of the National Academy of Sciences of the United States of America, 104 （52）: 20666 – 20671.

［116］United Nations Population Fund （2007）. State of the world population 2007: unleashing the potential of urban growth. United Nations Population Fund, New York.

［117］United Nations. （2014） World urbanization prospects: The 2014 Revision. United Nations, New York.

［118］Vaidya, O. S. , Kumar, S. , （2006） Analytic hierarchy process: an overview of applications. European journal of operational research, 169: 1 – 29.

［119］van der Veen, A. , Otter, H. S. , （2001） Land use changes in regional economic theory. Environental Model and Assessement, 6: 145 – 150.

［120］Wang, C. S. , Zhu, S. S. , Fan, J. （2012） Function zoning of the major function development – optimized county: a case in Shangyu, Zhejiang. Chinese journal of population, resources and environment, 10 （4）: 101 – 106.

［121］Webster, D. , （2002） On the Edge: Shaping the Future of Peri – urban East Asia. Standford, USA: Shorenstein APARC Publications.

［122］Wei, Y. D. , Fan, C. C. （2000） Regional Inequality in China: A Case Study of Jiangsu Province. Professional Geographer, 52 （3）: 455 – 469.

［123］Wei, Y. P. , Zhao, M. , （2009） Urban spill over vs. local urban sprawl: Entangling land – use regulations in the urban growth of China's megacities. Land Use Policy, 26: 1031 – 1045.

［124］Weng, Q. , Liu, H. Lu, D. （2007）. Assessing the effects of land use and land cover patterns on thermal conditions using landscape metrics in city of Indianapolis, United States. Urban Ecosystems, 20 (2): 203 – 219.

[125] World Bank Development research center of the state council, P. R. C. (2014) Urban China: toward efficient, inclusive, and sustainable urbanization. The World Bank: Washington, D. C.

[126] Wu, F., Webster, C. J., (1998) Simulation of land development through the integration of cellular automata and multicriteria evaluation. Environmental Plannning. B: Plann. Design, 25: 103 – 126.

[127] Wu, F., Yeh, A. G. O., (1999) Urban spatial structure in a transitional economy: the case of Guangzhou, China. Journal of the American Planning Association, 65 (4): 377 – 394.

[128] Wu, J. J., and Cho, S. H. (2007) The Effect of Local Land Use Regulations on Urban Development in the Western United States. Regional Science and Urban Economics 37 (1): 69 – 86.

[129] Xu, G. L., Huang, X. J., Zhong, T. Y., Chen, Y., Wu, C. Y., Jin, Y. Z. (2015) Assessment on the effect of city arable land protection under the implementation of China's national general land use plan (2006 – 2020) . Habitat international 49: 466 – 473.

[130] Xu, X. G., Peng, H. F., Xu, Q. Z., Xiao, H. Y. Benoit, G., (2009) Land Changes and Conflicts Coordination in Coastal Urbanization: A Case Study of the Shangdong Peninsula in China. Coastal Management, 37 (1): 54 – 39.

[131] Yang, F., Zeng, G. M., Du, C. Y., Tang, L., Zhou, J. F., Li, Z. W. (2009) Integrated Geographic Information Systems – Based Suitability Evaluation of Urban Land Expansion: A Combination of Analytic Hierarchy Process and Grey Relational Analysis. Environmental Engineering Science, 26 (6): 1025 – 1032.

[132] Yang, G. S., and Shi, Y. F., (2001) Assessment of coastal vulnerability to environmental change in Jiangsu coastal plain. Journal of geographical sciences, 11 (1): 24 – 33.

[133] Yeh, A. G. O., Li, X. (1996) Urban growth management in the Pearl River delta – an integrated remote sensing and GIS approach. ITC Journal, 1: 77 – 85.

[134] Yin, M., Sun, J., (2007) The impacts of state growth management

programs on urban sprawl in the 1990s. Journal of Urban affairs. 29: 149 – 179.

[135] Yokohari, M., Takeuchi, K., Watanabe, T. Yokota, S., (2000) Beyond greenbelts and zoning: A new planning concept for the environment of Asian mega – cities. Landscape and Urban Planning, 47: 159 – 171.

[136] Zhang, X., Chen, J., Tan, M. Sun, Y. (2007). Assessing the impact of urban sprawl on soil resources of Nanjing city using satellite images and digital soil databases. Catena, 69, 16 – 30.

[137] Zhang, Y., Wang, Y., (2000) Coastal ocean sciences facing the 21 century. Journal of Nanjing University (Natural Sciences), 36: 702 – 711.

[138] Zhang, Z. H., Su, S. L., Xiao, R., Jiang, D. W., Wu, J. P. (2013) Identifying determinants of urban growth from a multio – scale perspective: A case study of the urban agglomeraticn around Hangzhou Bay, China. Applied Geography 45: 193 – 202.

[139] Zhao, S. Q., Da, L. J., Tang, Z. Y., Fang, H. J., Song, K., Fang, J. Y. (2006) Ecological consequences of rapid urban expansion: Shanghai, China, Frontiers in Ecology and the Environment, 4 (7): 341 – 346.

[140] Zhao, P. J., (2010) Sustainable urban expansion and transportation in a growing megacity: Consequences of urban sprawl for mobility on the urban fringe of Beijing, Habitat International , 34: 236 – 243.

[141] Zhong, T. Y., Huang, X. J., Zhang, X. Y., Scott, S., Wang, K. (2012) The effects of basic arable land protection planning in Fuyang County, Zhejiang Province, China. Applied geography 35: 422 – 438.

[142] Zhong, T. Y., Mitchell, B., Huang, X. J. (2014) Success or failure: evaluating the implementation of China's national general land use plan (1997 – 2010). Habitat international 44: 93 – 101.

[143] Zhou. T., Wu, J. G., Peng, S. L. (2012) Assessing the effects of landscape pattern on river water quality at multiple scales: a case study of the Dongjian River watershed, China. Ecological Indicators, 23: 166 – 175.

[144] 白晓飞, 陈焕伟. (2004) 不同土地利用结构生态系统服务功能价值的变化研究——以内蒙古自治区伊金洛旗为例. 中国生态农业学报, 12 (1): 180 – 182.

[145] 鲍丽萍, 王景岗. (2009) 中国大陆城市建设用地扩展动因浅析.

中国土地科学, 23 (8): 67 – 72.

[146] 曹伟, 周生路, 姚鑫, 郑群英. (2011) 县域主体功能分区研究——以江苏宜兴市为例. 长江流域资源与环境, 20 (5): 519 – 524.

[147] 曹卫东, 曹有辉, 吴威, 梁双波. (2008) 县域尺度的空间主体功能区划分初探. 水土保持通报, 28 (2): 93 – 98.

[148] 陈斌林, 贺心然, 王童远, 刘红. (2008) 连云港近岸海域表层沉积物中重金属污染及其潜在生态危害. 海洋环境科学, 27 (3): 246 – 249.

[149] 陈诚, 陈雯. (2008) 盐城市沿海的适宜开发空间选择研究. 长江流域资源与环境, 17 (5): 667 – 672.

[150] 陈焕珍. (2013) 县域尺度主体功能区划分研究. 现代城市研究, 88 – 93.

[151] 陈景芹, 陈雯, 孙伟, 武清华. (2011) 基于适宜性分区的规划用地协调性与合理性评估——以无锡市区为例. 长江流域资源与环境, 20 (7): 866 – 872.

[152] 陈石俊, 彭道宾, 李光东. (2003) 江西经济增长潜力问题研究. 金融与经济, (5): 32 – 37.

[153] 陈雯, 段学军, 陈江龙, 许刚. (2004) 空间开发功能区划的方法. 地理学报, 59 (S1): 53 – 58.

[154] 陈雯, 糜振砷, 赵海霞, 崔旭. (2008) 水环境约束分区与空间开发引导研究——以无锡市为例. 湖泊科学, 20 (1): 129 – 134.

[155] 陈雯, 孙伟, 段学军, 陈江龙. (2006) 苏州地域开发适宜性分区. 地理学报, 61 (8): 837 – 846.

[156] 陈雯, 孙伟, 段学军, 陈江龙. (2007) 以生态 – 经济为导向的江苏省土地开发适宜性分区. 地理科学, 27 (3): 312 – 317.

[157] 陈雯. (2012) 流域土地利用分区空间管制研究与初步实践——以太湖流域为例. 湖泊科学, 24 (1): 1 – 8.

[158] 陈小良, 樊杰, 孙威, 陶岸君, 梁育填. (2013) 地域功能识别的研究现状与思考. 地理与地理信息科学 29 (2): 72 – 79.

[159] 陈小良. (2013) 市县层级地域功能分类与识别研究. (博士学位论文) 北京: 中国科学院大学.

[160] 陈志, 孙志国, 刘成武. (2009) 土地利用变化与生态环境质量的相关性研究——以湖北省咸宁市为例. 生态经济, 7: 170 – 173.

［161］程克群，王晓辉，潘成荣，汪国良．（2009）安徽省推进形成主体功能区的环境政策研究．生态经济，6：42－44．

［162］储佩佩，董雪，高琨，付梅臣．（2010）中国城市土地扩张研究与进展．安徽农业科学，38（24）：13439－13442．

［163］楚波，金凤君．（2007）综合功能区划的区域实践——以东北地区为例．地理科学进展，26（6）：68－78．

［164］戴均良，高晓路，杜守帅．（2010）城镇化进程中的空间扩张和土地利用控制．地理研究，29（10）：1822－1832．

［165］董力三，熊鹰．（2009）主体功能区与区域发展的若干思考．长沙理工大学学报（社会科学版），24（1）：121－124．

［166］段学军，陈雯．（2005）省域空间开发功能区划方法探讨．长江流域资源和环境．14（5）：540－545．

［167］樊杰．（2007）我国主体功能区划的科学基础．地理学报，62（4）：339－349．

［168］樊杰．（2014）人地系统可持续过程、格局的前沿探索．地理学报，69（8）：1060－1068．

［169］樊杰．（2015）中国主体功能区划方案．地理学报，70（2）：186－201．

［170］冯德显，张莉，杨瑞霞，赵永江．（2008）基于人地关系理论的河南省主体功能区规划研究．地域研究与开发，27（1）：1－5．

［171］冯科，吴次方，韦仕川，刘勇．（2008）城市增长边界的理论探讨与应用．经济地理，28（3）：425－429．

［172］冯科，吴次芳，韩昊英．（2009）国内外城市蔓延的研究进展与思考——定量测度、内在机理及调控策略．城市规划学刊 2009（2）：38－43．

［173］冯科．（2010）城市用地蔓延的定量表达、机理分析及其调控策略研究——以杭州市为例．（博士学位论文）杭州：浙江大学．

［174］傅伯杰，陈立顶，王军等．（2003）土地利用结构与生态过程．第四季研究，23（3）：247－253．

［175］傅丽平，李永辉．（2015）地方政府官员晋升竞争、个人特征对城市扩张的影响——基于全国地级市面板数据的实证分析．城市问题，2015（1）：27－32．

［176］高国力．（2007）如何认识我国主体功能区划极其内涵特征．中

国发展观，3：23 – 25.

［177］高吉喜．（2001）可持续发展理论探索——生态尘埃里理论、方法与应用．北京：中国环境科学出版社.

［178］顾朝林．（2005）城镇体系规划：理论·方法·实例．北京：中国建筑工业出版社.

［179］顾朝林，张晓明，刘晋媛，张从果．（2007）盐城开发空间区划及其思考．地理学报，62（8）：787 – 798.

［180］顾朝林，彭翀．（2015）基于多规融合的区域发展总体规划框架构建．城市规划，39（2）：16 – 22.

［181］郭庆山．（2013）基于优化开发区域定位下的背景城市功能优化与空间组织研究．（博士学位论文）北京：中科院地理科学与资源研究所.

［182］郭秀锐，毛显强，冉圣宏．（2000）国内环境承载力研究进展．中国人口资源与环境，10（3）：28 – 30.

［183］郭亚军，董会娟，王杨．（2002）区域发展潜力的评价方法及其应用．东北大学学报（社会科学版），4（3）：172 – 174.

［184］郭月婷，廖和平，彭征．（2009）中国城市空间扩展研究动态．地理科学进展，28（3）：370 – 375.

［185］国家发展和改革委员会发展规划司．（2006）国家及各地区国民经济和社会发展"十一五"规划纲要．北京：中国市场出版社.

［186］韩青，顾朝林，袁晓辉．（2011）城市总体规划与主体功能区规划管制空间研究．城市规划，35（10）：44 – 50.

［187］洪世键，张京祥．（2012）城市蔓延机理与治理——基于经济与制度的分析．南京：东南大学出版社.

［188］黄会平，王永兵，冯小明．（2010）基于 RS 和 GIS 的河谷型城市土地利用变化及生态环境效应研究．水土保持通报，30（6）：229 – 238.

［189］黄静波，肖海平，李纯，蒋二萍．（2013）湘粤赣边界禁止开发区域生态旅游协调发展机制——以世界自然遗产丹霞山为例．地理学报，68（6）：839 – 850.

［190］黄晓军，李诚固，黄馨．（2009）长春城市蔓延机理与调控路径研究．地理科学进展 28（1）：76 – 84.

［191］蒋芳，刘盛和，袁弘．（2007）a 城市增长管理的政策工具及其效果评价．城市规划学刊，1：33 – 38.

［192］蒋芳,刘盛和,袁弘.（2007）b 北京城市蔓延的测度与分析.地理学报,62（6）:649-658.

［193］蒋芳.（2007）c 北京城市蔓延及其增长管理研究.（博士学位论文）.北京:中科院研究生院.

［194］金志丰,赵海霞,陈雯.（2008）海门沿江地区开发适宜性分区研究.长江流域资源与环境,17（1）:16-21.

［195］李成范,苏迎春,周延刚,谢征海,尹国友.（2008）城市土地利用变化及生态环境效应研究——以重庆市北碚区为例.西南大学学报（自然科学版）,30（12）:145-151.

［196］李翅.（2006）土地集约利用的城市空间发展模式.城市规划学刊,161（1）:49-55.

［197］李传武.（2007）县域开发的功能分区、空间管治与情景分析.（硕士学位论文）芜湖:安徽师范大学.

［198］李传武,张小林,吴威,曹卫东.（2010）安徽省无为、和县区域主体功能的分区.长江流域资源与环境,19（2）:127-132.

［199］李贵林,姜玲,赵颖.（2012）连云港市近岸海域水质变化趋势与现状研究.淮海工学院学报（自然科学版）.21（2）:88-92.

［200］李红,许露元.（2013）主体功能区建设中的理论与实践困境.经济纵横,2013（9）:20-23.

［201］李军杰.（2006）确立主体功能区划分依据的基本思路.中国经贸导刊,（11）:45-46.

［202］李琳.（2008）多视角下的城市空间扩展与国内研究阶段性进展.现代城市研究,（3）:47-58.

［203］李强,戴俭.（2006）西方城市蔓延治理路径演变分析.城市发展研究,13（4）:74-77.

［204］李善同,侯永志,翟凡.（2003）未来50年中国经济增长潜力与预测.经济研究参考,（2）:51-60.

［205］李晓文,方精云,朴世龙.（2003）上海城市用地扩展强度、模式及其空间分异特征.自然资源学报,18（4）:412-422.

［206］李效顺,曲福田,张绍良,公云龙.（2011）我国城市牺牲性、损耗性蔓延假说及其验证——以徐州市为例.自然资源学报,26（12）:2012-2024.

［207］李雪英,孔令龙.（2005）当代城市空间拓展机制与规划对策研究.

现代城市研究，(1)：35 – 38.

［208］李彦，赵小敏，欧名豪.（2011）基于主体功能区的土地利用分区研究——以环鄱阳湖区为例. 地域研究与开发，30（6）：126 – 129.

［209］李杨帆，朱晓东，孙翔，王向华.（2007）快速城市化对区域生态环境影响的时空过程及评价. 环境科学学报，27（12）：2061 – 2067.

［210］连云港市人民政府.（2009）连云港城市总体规划（2008—2030）.

［211］廉伟，艾大宾.（2001）小城镇扩张及其所导致的土地利用问题. 西南师范大学学报（人文社会科学版），27（2）：33 – 37.

［212］梁涛，蔡春霞，刘民，彭小雷.（2007）城市土地的生态适宜性评价方法——以江西萍乡市为例. 地理研究，26（4）：782 – 788.

［213］林锦耀，黎霞.（2014）基于空间自相关的东莞市主体功能区划分. 地理研究 33（2）：349 – 357.

［214］刘传明，李伯华，曾菊新.（2007）湖北省主体功能区划方法探讨. 地理与地理信息科学，23（3）：64 – 68.

［215］刘传明.（2008）省域主体功能区规划理论与方法的系统研究.（博士学位论文）武汉：华中师范大学.

［216］刘春霞，李月臣，罗茜.（2011）重庆市都市区土地利用/覆盖变化的生态响应研究. 水土保持研究，18（1）：111 – 115.

［217］刘军会，傅小峰.（2005）关于中国可持续发展综合区划方法的探讨. 中国人口资源与环境，15（4）：11 – 16.

［218］刘年磊，蒋洪强，卢亚灵，张静.（2014）水污染物总量控制目标分配研究. 中国人口资源与环境，24（5）：80 – 87.

［219］刘盛和，吴传钧，沈洪泉.（2000）基于 GIS 的北京城市土地利用扩展模式. 地理学报，55（4）：407 – 416.

［220］刘盛和.（2002）城市土地利用扩展的空间模式与动力机制. 地理科学进展，21（1）：43 – 50.

［221］刘曙华，汪玉芳.（2006）上海城市扩展模式及其动力机制. 经济地理，26（3）：487 – 491.

［222］刘卫东，陆大道.（2005）新时期我国区域空间规划的方法论探讨——以"西部开发重点区域前期研究"为例. 地理学报，60（6）：894 – 902.

［223］刘祥海，俞金国.（2009）大连市主体功能区划研究. 海洋开发与

管理，26（4）：76－80.

[224] 刘新卫，张定祥，陈百明.（2008）快速城镇化过程中的中国城镇土地利用特征.地理学报，63（3）：301－310.

[225] 刘旭华，王劲峰，刘明亮，孟斌.（2005）中国耕地变化驱动力分区研究.中国科学D辑：地球科学，35（11）：1087－1095.

[226] 刘艳艳.（2011）美国城市郊区化及对策对中国城市节约增长的启示.地理科学，31（7）：891－896.

[227] 龙瀛，韩昊英，毛其智.（2009）利用约束型CA制定城市增长边界.地理学报，v.64，p.561－574.

[228] 陆大道.（2005）区域发展和城市化的几个问题.区域经济.4：53－55.

[229] 陆玉麒，林康，张莉.（2007）市域空间类型区划分的方法探讨：以江苏省仪征市为例.地理学报，62（4）：351－363.

[230] 雒占福.（2009）基于精明增长的城市空间扩展研究——以兰州市为例.（博士学位论文）兰州：西北师范大学.

[231] 吕晓，黄贤金，钟太洋，张全景.（2015）土地利用规划对建设用地扩张的管控效果分析——基于一致性与有效性的复合视角.自然资源学报30（2）：177－187.

[232] 马海霞，李慧玲.（2009）西部地区主体功能区划分与建设若干问题的思考——以新疆为例.地域研究与开发，28（3）：12－16.

[233] 马强，徐循初.（2004）"精明增长"策略与我国的城市空间扩展.城市规划学刊，3：16－22.

[234] 马仁峰，王筱春，张猛，刘修通.（2010）主体功能区划方案体系建构研究.地域研究与开发，29（4）：10－15.

[235] 马随随，朱传耿，仇方道.（2010）我国主体功能区划研究进展与展望.世界地理研究，19（4）：91－97.

[236] 满强.（2011）基于主体功能区划的区域协调发展研究——以辽宁省为例.（博士学位论文）长春：东北师范大学.

[237] 孟召宜，朱传耿，渠爱雪.（2007）主体功能区管治思路研究.经济问题探索，（9）：9－14.

[238] 米文宝，梁晓磊，米楠.（2013）限制开发生态区主体功能细分研究.经济地理33（1）：142－148.

[239] 彭再德，杨凯，王云.（1996）区域环境承载力研究初探，中国

环境科学，16（1）：35-39.

［240］彭志宏．（2014）基于主体功能区划的上海市国土空间结构研究．地域研究与开发，33（5）：11-15.

［241］普荣，吴映梅．（2009）云南省域主体功能区划分初探．经济研究导刊，（4）：106-107.

［242］盛鸣，黄咏梅，乔建平．（2009）新时期连云港城市空间跨越发展战略解析——江苏沿海开发背景下的应对策略．城市规划 33（10）：72-75.

［243］苏建忠．（2006）广州城市蔓延机理与调控措施研究．（博士学位论文）广州：中山大学．

［244］孙鹏．（2011）中国大都市主体功能区规划的理论与实践——以上海市为例．（博士学位论文）上海：华东师范大学．

［245］唐剑武，郭怀成，叶文虎．（1999）环境承载力及其在环境规划中的初步应用．中国环境科学，17（1）：6-9.

［246］唐相龙．（2008）新城市主义及精明增长之解读．城市问题，（150）：87-90.

［247］唐长春，樊杰，陈小良．（2012）基于地域功能的土地利用协调研究——以长株潭生态绿心暮云镇为例．自然资源学报，27（10）：1645-1655.

［248］涂小松，濮励杰．（2008）苏锡常地区土地利用变化时空分异及其生态环境响应．地理研究，27（3）：583-593.

［249］王俭，孙铁珩，李培军，李法云．（2005）环境承载力研究进展．应用生态学报，16（4）：768-772.

［250］王建军，王新涛．（2008）省域主体功能区划的理论基础与方法．地域研究与开发，27（2）：15-19.

［251］王琳，曹嵘，白光润．（2001）新城市主义对我国郊区城市化的借鉴．地理研究，10（4）：81-86.

［252］王强，伍世代，李永实，汤晓华，陈国子．（2009）福建省域主体功能区划分实践．地理学报，64（6）：725-735.

［253］王婷玉（2013）基于景观分类的宁夏限制开发生态区主体功能细分研究．（硕士学位论文）．宁夏：宁夏大学．

［254］王雪．（2014）生态涵养发展型县域主体功能区划研究——以重庆市丰都县为例．（硕士学位论文）重庆：西南大学．

［255］王颖，顾朝林，李晓江．（2014）中外城市增长边界研究进展．国

际城市规划, 29（4）：1-11.

［256］王昱，丁四保，王荣成．（2009）主体功能区划及其生态补偿机制的地理学依据．地域研究与开发，28（1）：17-21.

［257］韦亮英．（2008）南宁城市空间扩展及其生态环境效应研究．规划师，24（12）：31-34.

［258］韦亚平，王纪武．（2008）城市外拓和地方城镇蔓延——中国大城市空间增长中的土地管制问题及其制度分析．中国土地科学，22（4）：19-24.

［259］吴宏安，蒋建军，周杰，张海龙，张丽，艾莉．（2005）西安城市扩张及其驱动力分析．地理学报，60（1）：143-150.

［260］谢高地，鲁春霞，甄霖，曹淑艳，章予舒，冷允法．（2009）区域空间功能分区的目标、进展与方法．地理研究，28（3）：561-570.

［261］熊丽君．（2010）上海市浦东北部区域主体功能区划研究．环境科学学报，30（10）：2116-2124.

［262］徐保根，张复明，郭文炯．（2002）城镇体系规划中的区域开发管制区划探讨．城市规划，26（6）：53-56.

［263］许彦曦，陈凤，濮励杰．（2007）城市空间扩展与城市土地利用扩展的研究进展．经济地理，27（2）：296-301.

［264］薛俊菲，陈雯，曹有挥．（2012）2000年以来中国城市化的发展格局及其与经济发展的相关性．长江流域资源与环境．21（1）：1-7.

［265］杨美玲．（2014）宁夏限制开发生态区主体功能细分及其区域发展模式研究．（博士学位论文）西安：西北大学．

［266］杨荣南，张雪莲．（1997）城市空间扩展的动力机制与模式研究．地域研究与开发，16（2）：1-4.

［267］杨瑞霞，张莉，闫丽洁，冯德显，匡在谊，张景页．（2009）省级主体功能区规划支持系统研究．地域研究与开发，28（1）：22-26.

［268］杨山，周蕾，陈升，季增明．（2010）大规模投资建设背景下城市过度扩张的约束机制-以无锡市为例．地理科学进展，29（10）：1193-1200.

［269］杨正先，韩建波，闫吉顺，温泉．（2014）主体功能区规划中的"不确定性"与对策．地域研究与开发，33（3）：1-4.

［270］叶玉瑶，张虹鸥，李斌．（2008）生态导向下的主体功能区划方法初探．地理科学进展，27（1）：39-45.

［271］余晓霞，米文宝．（2008）县域社会经济发展潜力综合评价——以

宁夏为例．经济地理，28（4）：612－616．

［272］张大伟．（2012）连云港城市蔓延时空特征．（硕士学位论文）南京：南京大学．

［273］张广海，李雪．（2007）山东省主体功能区划分研究．地理与地理信息科学，23（4）：57－61．

［274］张虹鸥，黄恕明，叶玉瑶．（2007）主体功能区划实践与理论方法研讨会会议综述．热带地理，（27）：191－192．

［275］张莉，冯德显．（2007）河南省主体功能区划分的主导因素研究．地域研究与开发，26（2）：30－34．

［276］张明东，陆玉麒．（2009）我国主体功能区划的有关理论探讨．地域研究与开发，28（3）：7－11．

［277］张沛，程芳欣，田涛．（2011）"城市空间增长"相关概念辨析与发展解读．规划师，27（4）：104－108．

［278］张秋平．（2014）主体功能区划的宏观调控工具研究进展及评述．西部经济管理论坛，25（2）：58－62．

［279］张晓瑞；宗跃光（2010）a 区域主体功能区规划模型、方法和应用研究——以京津地区为例．地理科学 30（5）：728－734．

［280］张晓瑞；宗跃光（2010）b 区域主体功能区规划研究进展与展望．地理与地理信息科学，26（6）：41－45．

［281］哈斯巴根．（2013）基于空间均衡的不同主体功能区脆弱性演变及其优化调控研究．（博士学位论文）西安：西北大学．

［282］张耀光，张岩，刘桓．（2011）海岛（县）主体功能区划分的研究——以浙江省玉环县、洞头县为例．地理科学，31（7）：810－816．

［283］张志斌，陆慧玉．（2010）主体功能区视角下的兰州—西宁城镇密集区空间结构优化．干旱区资源与环境，24（10）：13－18．

［284］赵燕菁．（2001）探索新的范型：概念规划的理论与方法．城市规划，25（3）：38－52．

［285］赵颖．（2012）连云港市主要河流水质现状及防治对策．污染防治技术，25（2）：1－4．

［286］钟高峥．（2011）主体功能限制开发区域的空间功能区划研究——以湘西州为例．经济地理 31（5）：839－843．

［287］周敏，甄锋．（2008）江苏省宿迁市空间开发功能区划研究．安徽

师范大学学报（自然科学版），31（2）：177－185.

[288] 周锐，李月辉，胡远满．（2011）苏南地区典型城镇建设用地扩展的时空分异．应用生态学报，22（1）：577－584.

[289] 朱传耿，仇方道，马晓东，王振波，李志江，孟召宜，闫庆武（2007）地域主体功能区划理论与方法的初步研究．地理科学，27（2）：136－142.

[290] 朱传耿，马晓东，孟召宜，仇方道．（2007）地域主体功能区划——理论、方法、实证．北京：科学出版社．

[291] 朱振国，姚士谋，许刚．（2008）南京城市扩展与其空间增长管理的研究．人文地理，18（5）：11－16.

[292] 诸大建，刘东华．（2006）管理城市增长：精明增长理论及对中国的启示．同济大学学报（社会科学版），17（4）：22－27.

[293] 祝仲文，莫滨，谢芙蓉．（2009）基于土地生态适宜性评价的城市空间增长边界划定——以防城港市为例．规划师，25（11）：40－44.

[294] 宗跃光，王蓉，汪成刚，王红扬，张雷．（2007）城市建设用地生态适宜性评价的潜力—限制性分析——以大连城市化区为例．地理研究，26（6）：1118－1126.